造林学

第四版

丹下　健
小池孝良

[編集]

朝倉書店

編　者

丹下　健（たんげ たけし）	東京大学 大学院農学生命科学研究科 教授
小池孝良（こいけ たかよし）	北海道大学 大学院農学研究院 教授

執　筆　者

丹下　健（たんげ たけし）	東京大学 大学院農学生命科学研究科 教授
小池孝良（こいけ たかよし）	北海道大学 大学院農学研究院 教授
山本福壽（やまもと ふくじゅ）	鳥取大学 乾燥地研究センター 特任教授
大澤　晃（おおさわ あきら）	京都大学 大学院農学研究科 教授
肘井直樹（ひじい なおき）	名古屋大学 大学院生命農学研究科 教授
宮浦富保（みやうら とみやす）	龍谷大学 理工学部 教授
吉田俊也（よしだ としや）	北海道大学 北方生物圏フィールド科学センター 教授
白石　進（しらいし すすむ）	九州大学 名誉教授
千葉幸弘（ちば ゆきひろ）	森林総合研究所 研究コーディネーター
則定真利子（のりさだ まりこ）	東京大学 アジア生物資源環境研究センター 准教授
小島克己（こじま かつみ）	東京大学 アジア生物資源環境研究センター 教授

（執筆順）

はじめに

　造林学は，人間社会が森林資源を持続的に利用し続けるための森林の維持・造成技術を科学的に支える学問分野である．対象とする森林は，人工林であっても多様な生物によって構成される生態系であり，生態系としての機能を損なうことなく，人間社会にとって好ましい状態に誘導することが求められる．とくに，植物の生育基盤である土壌の保全と大気環境変化に注意を払う必要がある．樹木の成長は，それぞれの樹種特性と環境との相互作用によって決まる．成長に影響する環境条件は，光や温度，水分，養分等多様である．また自然条件では，他の植物との競合や生き物との相互作用も成長に影響する．それぞれの種の生態的地位によってその土地の植生がどのような植物によって構成されるかが決まることになる．森林管理や林業での人間の関わりは非常に限定的で，農業に比べるとはるかに粗放的である．そのため植生分布や植生遷移に反した樹木を造成しようとしたり，適地でない場所に人工林を造成しようとすると，失敗したり多大な労力が必要になったりする．造林技術は，樹木に関する知識と，土壌をはじめとする環境に関する知識，そして樹木の環境応答に関する知識が基盤となっている．

　本書の前身である『造林学 三訂版』が1992年に出版されてから20年以上が経過した．国民の森林に対する期待は，木材供給機能から我々の生活環境の安全性や快適性等の公益的な機能へと移ってきている．しかし公益的な機能も，森林が高い活力を持ち健全で旺盛な成長を行うことで発揮されるものである．気候変動が顕在化し，異常気象が頻発するようになってきた．変動環境の樹木の成長への影響に加え，季節外れの高温や低温，乾燥，風害等の気象害や，生産場が崩れる斜面の崩壊等を考慮した造林適地の判定も求められる．日本国内では，再造林されずに放棄された人工林皆伐跡地が増加している．国産材の利用を高めるとともに森林資源の造成・充実を図っていくためには，林業を経済的に成立させる低コスト造林とその施業の確立が喫緊の課題である．現行の育苗技術や造林技術が苗木の成長に与える影響を理解することによって，適切な時期に必要最小限の作業を行う工夫が可能になり，省力化が可能になる．地球規模では熱帯林や亜寒帯林の減少・劣化や半乾燥地の拡大が進んでおり，農地開発に失敗し放棄された荒廃

地も拡大している．造林経験のない土地や劣悪な環境条件の土地に森林を造成する技術の構築が求められている．造林学に関わる知識を理解し，それに基づいて思考できる構成力を涵養する教育が求められている．

以上のような森林を取り巻く状況や森林科学に対する社会的要請から，改訂にあたり，各章の執筆者には造林技術の基盤となる樹木の環境応答を科学的に理解するための説明に多くの紙面を充てることをお願いした．そして，各章の最初に要点を，最後に課題を掲載することによって，読者が各章の内容を把握しやすくするとともに理解度を自分で確かめられる工夫も試みた．また，紙面の制約からより専門的な説明を省かざるを得ない内容もあったため，より専門的に学びたい方のために参考図書を巻末に掲載した．森林科学を学ぶ学生だけでなく，林業技術者の方々にも役立つ教科書となるように心がけて編集した．森林科学を学びたい皆さんに読んでいただけることを願っている．

最後に，教科書の改訂を企画してから出版までに非常に長い時間がかかってしまった．辛抱強く対応していただいた朝倉書店編集部の担当者の皆様に心より感謝申し上げる．

2016 年 8 月

丹下　健
小池孝良

目　　次

第1章　造林学の対象と今日的な役割 ……［丹下　健・小池孝良・山本福壽］… *1*
  1.1　森林と人間 …………………………………………………………… *1*
  1.2　造林学の位置付け …………………………………………………… *3*
  1.3　造林学と造林技術 …………………………………………………… *4*
  1.4　森林を造成する目的と求められる技術 …………………………… *5*

第2章　樹木の成長特性 ……………………………………………………… *8*
  2.1　材形成 ………………………………………………［大澤　晃］… *8*
    2.1.1　永年性　*8*
    2.1.2　形成層の構造とそのもたらすもの　*9*
  2.2　材の成長 …………………………………………………………… *11*
    2.2.1　個体レベルの形成層の特徴：材形成と年輪形成　*11*
    2.2.2　群落レベルの形態形成と成長　*12*
  2.3　芽の性質と成長 …………………………………［山本福壽］… *16*
  2.4　根の成長 …………………………………………［大澤　晃］… *19*
    2.4.1　根の成長特性　*19*

第3章　森林の物質生産 ………………………………………［丹下　健］… *23*
  3.1　光合成と再生産過程 ………………………………………………… *23*
  3.2　森林帯と生産量 ……………………………………………………… *25*
  3.3　森林の発達に伴う現存量と純生産量の変化 ……………………… *27*
  3.4　森林の現存量調査法 ………………………………………………… *30*

第4章　森林の構造と環境 …………………………………［小池孝良］… *33*
  4.1　葉の空間配置 ………………………………………………………… *33*
    4.1.1　樹冠の生産構造：クラスター構造　*35*
    4.1.2　針広混交林の構造　*37*

4.1.3　森林構造仮説　*38*
　4.2　林床の環境 ……………………………………………… *38*
　　4.2.1　更新と光環境　*38*
　　4.2.2　散光と木漏れ日　*39*
　　4.2.3　林内光の特性　*40*
　4.3　二酸化炭素濃度と光合成応答 ……………………………… *43*
　4.4　更新稚樹の応答 ………………………………………… *44*

第5章　森林土壌 …………………………………[丹下　健]… *48*
　5.1　森林の成立基盤としての森林土壌 ……………………… *48*
　5.2　土壌生成作用と土壌特性 ………………………………… *49*
　5.3　土壌の物理的性質 ………………………………………… *55*
　5.4　土壌の化学的性質 ………………………………………… *57*
　5.5　土壌特性と林木の成長 …………………………………… *58*

第6章　樹木の成長と物理的環境 …………………[小池孝良]… *60*
　6.1　物理的環境と森林樹木の分布 …………………………… *60*
　6.2　温度と植生分布 …………………………………………… *61*
　　6.2.1　温量指数　*61*
　　6.2.2　低温と冷温　*62*
　　6.2.3　積　雪　*65*
　　6.2.4　温度と光合成作用　*66*
　6.3　光 …………………………………………………………… *67*
　　6.3.1　光合成応答　*67*
　　6.3.2　光形態形成　*68*
　6.4　水分・養分条件 …………………………………………… *68*
　　6.4.1　水分：過湿と乾燥　*68*
　　6.4.2　養分：欠乏・過剰への応答　*69*
　　6.4.3　二酸化炭素　*70*
　　6.4.4　オゾン　*71*

第7章　樹木の成長と生物的要因 ･･････････････････････････････ 74
7.1　樹木の成長と微生物 ･･････････････････････････ [肘井直樹] ･･･ 74
7.1.1　森林生態系における微生物の役割　74
7.1.2　樹木・森林病害　76
7.2　昆虫・哺乳類による食害 ･････････････････････････････････････ 81
7.2.1　昆虫がもたらす森林被害　81
7.2.2　哺乳類による森林被害　82
7.3　植物間の競合：種間競争, 種内競争 ･･･････････････ [宮浦富保] ･･･ 84
7.3.1　種間競争　84
7.3.2　種内競争　85
7.4　森林の混み具合を相対的に表す指標 ･････････････････････････････ 89
7.4.1　胸高断面積合計　89
7.4.2　相対幹距　90
7.4.3　収量比数　91

第8章　変動環境と樹木の成長 ･･････････････････････ [小池孝良] ･･･ 94
8.1　環境の時空間的変動と森林の応答 ･････････････････････････････ 94
8.1.1　二酸化炭素環境　95
8.1.2　林分構造の変化　96
8.1.3　葉面積指数の推移と病虫害の影響　97
8.1.4　林床でのリター分解の変化　99
8.1.5　メタンの放出　100
8.1.6　亜酸化窒素等の放出　101
8.2　対流圏オゾンの物質生産への影響 ･････････････････････････････ 102
8.2.1　対流圏オゾンの動態　103
8.2.2　オゾンの森林への影響　103
8.3　環境変動に対する光合成応答 ･･･････････････････････････････ 104
8.3.1　林内孔状地と木漏れ日　105
8.3.2　耐陰性と窒素分配　105
8.4　環境変動下での森林管理の方向 ･････････････････････････････ 108
8.4.1　持続可能な森林造成法　108
8.4.2　林分管理　109

第9章　森林の更新方法 ………………………………………… 115

9.1　更新方法の種類 ………………………………… [吉田俊也] … 115
 9.1.1　人工更新と天然更新　*116*
 9.1.2　人工更新と天然更新の得失　*116*

9.2　人工更新 …………………………………………………………… 116
 9.2.1　森林作業種との関係　*117*
 9.2.2　人工更新に用いられる樹種　*117*
 9.2.3　地拵え　*118*
 9.2.4　植栽本数　*118*
 9.2.5　植栽作業　*119*
 9.2.6　苗木以外を用いる方法　*120*
 9.2.7　苗木・稚樹の保護　*121*

9.3　天然更新 …………………………………………………………… 121
 9.3.1　天然下種更新　*121*
 9.3.2　萌芽更新　*124*

9.4　林木育種 ………………………………………… [白石　進] … 124
 9.4.1　林木育種の目的　*124*
 9.4.2　林木育種の方法　*127*
 9.4.3　林業品種と種苗管理　*130*
 9.4.4　林木育種の実際　*133*
 9.4.5　遺伝資源の保全　*134*

第10章　木材生産のための造林技術 ……………… [千葉幸弘] … 137

10.1　人工造林の基礎 ………………………………………………… 137
 10.1.1　造林適地　*137*
 10.1.2　人工林の保育　*138*

10.2　生産目的に応じた造林技術 …………………………………… 139
 10.2.1　林分密度に規定される樹冠長　*140*
 10.2.2　樹形の成り立ち：構造的特徴　*141*
 10.2.3　人工林の密度管理　*144*
 10.2.4　林分密度管理図の使い方　*146*
 10.2.5　枝打ち　*147*

10.2.6　主な森林施業における造林技術　*149*
　10.3　環境保全的な人工林施業 ……………………………………… *151*
　　　10.3.1　長伐期施業　*151*
　　　10.3.2　複層林施業　*152*
　　　10.3.3　非皆伐施業および混交林施業　*153*

第11章　熱帯荒廃地と環境造林 ……………［則定真利子・小島克己］… *156*
　11.1　熱帯荒廃地 …………………………………………………………… *156*
　　　11.1.1　荒廃地とは　*156*
　　　11.1.2　熱帯における荒廃地の拡大　*158*
　　　11.1.3　荒廃地拡大の問題点　*159*
　11.2　環境造林 ……………………………………………………………… *159*
　　　11.2.1　環境造林とは　*159*
　　　11.2.2　環境造林による環境の改善　*160*
　11.3　熱帯荒廃地における環境ストレス ………………………………… *162*
　　　11.3.1　養分ストレス　*162*
　　　11.3.2　水分ストレス　*163*
　　　11.3.3　高温ストレス　*163*
　　　11.3.4　光ストレス　*165*
　11.4　環境造林の方法 ……………………………………………………… *165*
　　　11.4.1　造林樹種　*166*
　　　11.4.2　育苗方法　*166*
　　　11.4.3　植栽方法　*168*
　　　11.4.4　先行造林法　*169*
　11.5　環境造林の今後の課題 ……………………………………………… *169*

参　考　文　献 ………………………………………………………………… *171*
索　　　　引 …………………………………………………………………… *177*

第 1 章
造林学の対象と今日的な役割

要　点

(1) 造林学は，森林の生態系機能を損なうことなく，生態系サービスを人類が将来にわたって享受するための技術的方策を考究する学問分野である．
(2) 健全で成長旺盛な森林を育成することによって，より多くの生態系サービスを享受できる．
(3) 多様化する森林資源に対する社会的要求に応えるためには，既存の造林技術に関する知識の習得だけではなく，森林生態系の法則性に基づいた新たな造林技術を構築できる資質の養成が造林学に求められている．

キーワード

生態系機能，生態系サービス，造林技術，持続性，物質生産

1.1　森林と人間

　人類にとって森林は，住居の材料や燃材，食料等の様々な資源を得る場であるとともに，住宅や農地等を造成するための用地を得る場でもある．人間活動の拡大によって，現在ではその面積は30％以下にまで減少している[1,2]．地球規模の環境変化が急激に進むなか，多くの生物種が絶滅の危機に追い込まれている．また森林は，多様な生物の生育場所であるとともに，温暖化の原因である大気中のCO_2（二酸化炭素）濃度の上昇を低減する機能を有するので，社会的な関心が高まっている．

　森林は，木質資源の供給機能だけではなく，環境保全機能や生物多様性保全機能等の多様な機能を有し，しかも一つの森林が同時にそれらの機能を発揮するという特徴がある．世界の森林から生産される木材の半分以上，とくに発展途上国では80％以上が燃材としての利用であり，人口増加に伴ってその消費量は年々増加し，森林の減少や劣化の一因となっている．森林の減少や劣化は，いずれ人類の生存そのものを脅かすことになる．そのような状況を受けて，森林の保全と持

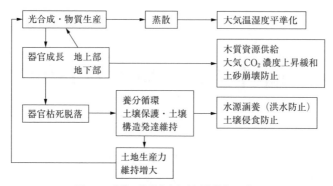

図 1.1 森林の物質生産と多面的機能の発揮

続可能な開発が強く求められるようになり，国連環境開発会議（地球サミット）で森林原則声明が採択された．森林の価値に対する国際的な認識は高まっているが，いまだ熱帯林の急激な減少は続いており，北方林資源の減少も加速している．また，近年のバイオエネルギーに対する期待から，先進国においても木質バイオマスのエネルギー源としての利用がますます増加することが予想されている．木質バイオマスに対する需要の増大は，熱帯地域では天然林をオイルパーム林へ転換しているように，無秩序な天然林・天然生林の人工林化等によって森林生態系に過重な負担をかけかねない．生態系レベルでの適切な森林管理が求められる[3]．

森林の環境保全機能としては，水源涵養機能や土砂崩壊防止機能，大気温湿度平準化機能，大気 CO_2 濃度上昇緩和機能等多様である．それらの機能は，森林を構成する樹木の物質生産によって維持されている（図 1.1）．樹木の有機物生産による木材生産機能や大気 CO_2 濃度の上昇緩和機能は当然のことながら，例えば水源涵養機能も樹木の物質生産によって維持されている．水源涵養機能は，森林に降った雨が，森林土壌を浸透してゆっくりと河川に流出することによる．森林土壌が高い透水性を維持しているのは，土壌粒子の集合体である土壌構造の発達によって，大きな孔隙がつくられていることによる[4]．土壌構造は地表面を覆う枯葉枯枝によって雨滴侵食から守られ，落葉落枝から生じる腐植が土壌粒子を結び付ける役割を果たしている．樹木の物質生産を通して，有機物を土壌に供給することによって，土壌構造が形成・維持されている．

また，大気温湿度平準化機能は樹木の蒸散作用によっている．植物が，光合成によって CO_2 を吸収固定するために気孔を開くと，CO_2 の数百倍の分子量の水蒸

物質の提供	調節的サービス	文化的サービス
森林生態系が生産するもの	森林生態系の過程の制御で得られる利益	森林生態系から得られる非物質的利益
水，燃料（樹木），繊維，化学物質，遺伝資源等	気候の制御，洪水の制御，病害の蔓延低減，無毒化作用等	精神性，森林教育，リクリエーション，美的利益，象徴性等

基盤的サービス
上記の生態系サービスの基盤となるサービス
土壌形成，栄養塩類の循環，植物による一次生産等

図 1.2　森林生態系サービス

気を放出する．盛んに光合成をしている樹木ほどより多くの水蒸気を放出する．蒸散によって大気中に水蒸気が供給されるとともに，20℃の水1gが気化する時に586 calという大量の熱を吸収して気温の上昇を抑える．一方で気温の低下に伴って結露する際には，逆に熱（0℃の水蒸気1gで596 cal）を放出し，気温の低下を抑制することで，大気温湿度の平準化に寄与することになる．

　これら森林の多様な機能の発揮も，森林が良好な生育状態にあることが前提である．木材や清浄な水や空気，土砂災害リスクの軽減等，森林が我々人類にもたらす恩恵である生態系サービス（図1.2）を将来にわたって享受するためには，森林の活力と健全性が維持されなくてはならない[5,6]．

1.2　造林学の位置付け

　人口増加や産業の発達等により木材の需要が高まるのに伴って，木材に対する社会の需要と森林生態系の生産力との調整を図りながら木材を社会に供給するための産業が必要になり，林業が生まれた．林業は，森林から木材を持続的に生産することによって成り立つ産業である．消費量の少ない時代は，天然生林から木を伐り出すことで需要を満たせたが，需要の高まりとともに，より効率的に木材を生産するために人工林が必要とされるようになった．そのような林業の科学的基盤を構築する学問分野として生まれたのが森林科学，森林資源科学の前身の林学である．森林科学は，木材の持続的な利用のみならず，生態系機能を損なうこ

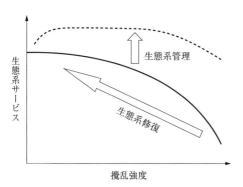

図 1.3 生態系管理による生態系サービスの向上

となく森林に働きかけ（生態系管理），森林からの生態系サービスを将来にわたって享受するための体系である．森林科学を構成する学問分野である造林学は，森林生態系の具体的な管理技術（施業）に関わる学問分野である．森林における資源利用や人工林施業による資源造成は少なからず生態系の攪乱を伴う．社会が必要とする形質の木材を生産するための技術だけではなく，攪乱による生態系サービスの低下を抑え，さらには生態系サービスを高める生態系管理技術や荒廃した生態系の修復技術を確立する貢献が造林学の役割である（図 1.3）．

1.3 造林学と造林技術

　林業は，林学が生まれる以前から行われており，森林を育成する技術は長年にわたる試行錯誤の結果として確立したといえる．昔ながらの林業家は，自分の山のどこに，どの樹種を植えたらよいかを知っている．また林の混み具合を見て，どの木を間引いたら，将来的にどのような林になるかを見通すことができる．ある意味で造林学は，長い歴史を有する林業地域で経験的に確立されていた施業法を，科学的な解析や実験によって研究し，その中にある規則性を見出すことから始まったともいえる．

　造林技術，とくに植栽樹種の適地判定技術が強く求められたのは，戦後に森林資源の拡充のために拡大造林が大規模に行われた時期であろう[7]．拡大造林とは，多くの場合，薪炭材の採取が行われていた広葉樹林を伐採してスギやヒノキ等の針葉樹の人工林を造成することをいう．林業地域で脈々と行われている人工林の伐採後の再造林とは，スギやヒノキを植栽した場合の成長の良否に関する経験がない点で，本質的に異なるものである．その時期に，全国の土壌調査が行われ，適地判定に関する研究の著しい進展があったが，結果的には多くの不成績造林地を生むことになった．これは，森林造成に対する社会からの強い要求があったこ

とに加え，林業現場で経済的に実施できる技術として適地判定技術が確立していなかったことを示している．現在の日本では，拡大造林はわずかしか実行されていないが，熱帯地域では，森林を修復・再生することを求められている荒廃地が多数存在している．これらの地域では，荒廃地の造林に適した樹種の選択技術と造林技術が求められており，我が国の経験を活かすことができる．

林業は，対象が広大な森林であり，収穫までに非常に長期間を要することから，農業のような労働集約的な施業では経済的に成り立たず，目的とする形質を持った木材の生産に，土地生産性や密度効果等の自然法則に則った，また利用した施業が行われる．つまり，林業においては，対象とする樹種の環境応答特性と林地の環境特性（立地）の把握が重要であり，同時に造林学の中心的な課題である．

1.4 森林を造成する目的と求められる技術

持続性は，従来から森林管理の基本であったが，その判断基準は主に木材の生産量の持続性に重点が置かれていた．近年，森林生態系機能の持続性が求められるようになり，森林資源利用の生物多様性への影響等に対する配慮も求められている．また，荒廃地の環境修復や温暖化対策等，森林の環境形成機能への期待も高まっている．

森林を造成する目的は多様化している．スギやヒノキの人工林での木材生産についても，柱材や板材としてだけではなく，集成材や合板等，その生産目的は広がっている．また，パルプ，炭素繊維や繊維板等の原料としての木質バイオマスの生産とナノテクノロジーの研究が盛んである．天然生林の劣化が進むなか，人工林の生産機能に対する期待は大きい．とくに近年，先進国では化石燃料の代替エネルギーとしてバイオマスが注目されている．バイオディーゼルの原料として食料との競合がないという利点から，木材の有効性も検討されている．現状では経済的に成り立たないが，革新的な技術開発がなされる可能性もある．

温暖化対策から木質バイオマスに対する期待は高まっているが，我が国においても過去に戦後の木材需要に応えるために，森林の生産性を過大評価し，過剰利用によって森林生態系の劣化を招いた経験がある．現在もなお生物多様性保全等の生態系機能の維持と生産の拡大との両立は大きな課題である．海外においても，途上国，とくに半乾燥地における薪炭材の持続的な生産が重要な課題である．これらの地域で石炭等の化石燃料の消費が増大することは，温暖化の進行を加速す

ることになる．森林伐採後の更新がうまくいっていない場所も多く，資源利用の持続性が保たれていない地域も多い．農地開発に失敗し放棄されている土地も少なくない[8]．様々な理由で生物生産性が低下した荒廃地の生産性を回復させるための造林（環境造林）も求められている．しかしながら，これらの課題の解決に対して，残念ながら我々は確立した方法論をまだ持っていない．

　これまでの造林学は，とくにスギやヒノキの人工林造成に関して，これまでに確立されている造林技術に関する知識を習得することに主眼が置かれていた．今後は，知識を活用し，与えられた課題の解決方法を考案できる資質の養成に重点を置くべきであろう．また，生産期間の長い森林樹木にとって我々が経験しなかった勢いで変化する生産環境（温暖化現象，窒素沈着量の増加等）も意識する必要がある[9,10]．つまり，造林技術の基盤となっている科学的な知見を理解し，多様な造林対象地において，目的に即した植栽樹種の選抜や樹木の生育を阻害する環境要因の特定，環境ストレスを緩和する造林方法の選択等，試行錯誤を繰り返しながら最適な方法論を確立し得る資質の養成が，造林学に求められているといえる（図1.4）．

［丹下　健・小池孝良・山本福壽］

図1.4　造林学の目的と学問分野

課 題

(1) 森林の成長と環境保全機能の発揮との関係について説明しなさい．
(2) 造林における育種の重要性について説明しなさい．
(3) 森林の育成において，生物多様性の保全がなぜ求められるのか，説明しなさい．

引用文献

[1] Bryant, D. et al., 1997, *The Last Frontier Forests : Ecosystem and Economies on the Edge*, World Resources Institute.
[2] FAO, 2007, *State of the World's Forests 2007*, FAO.
[3] Kohm, K.A. and Franklin, J.F., 1997, *Creating a Forestry for the 21st Century, The science of ecosystem management*, Island Press.
[4] 真下育久，1960，森林土壌の理化学性質とスギ，ヒノキの成長に関する研究，林野土壌調査報告 11，1-182．
[5] Millennium Ecosystem Assessment, 2005, *Ecosystema and Human Well-Being : Synthesis*, World Resources Institute（生態系サービスと人類の将来，横浜国大 COE 翻訳委員会，2007，コロナ社）．
[6] 林野庁，2007，森林・林業白書．
[7] 橋本与良他，1967，造林適地のえらび方，全国林業改良普及協会．
[8] 小島克己・鈴木邦雄，2004，熱帯林の再生，修復，102-127，長野敏英編，熱帯生態学，朝倉書店．
[9] 佐々木恵彦・畑野健一，1987，樹木の生長と環境，養賢堂．
[10] 森林立地学会編，2012，森のバランス，東海大学出版会．

第 2 章
樹木の成長特性

要　点
(1) 樹木は一般に長く生き，巨大化する．形成層の存在が樹木の巨大化を可能にしている．
(2) 樹木個体と群落の形態と成長はパイプモデルによって定量的に説明することができる．
(3) 根は樹体を力学的に支えるとともに，細いものは水，養分吸収を担っている．そのために微生物と共生し，菌根，根粒等を発達させているものもある．

キーワード
形成層，年輪，パイプモデル，根端，細根

　樹木の成長はシュート（葉と茎）と根が伸びていく伸長成長とともに幹や枝が太くなっていく肥大成長によって起こる．伸長と肥大には体をつくるもとになる光合成産物と必須な化合物をつくるための窒素，リン等の要素が必要だが，伸長や肥大成長を促したり抑制したりするタイミングは，植物自身がつくるオーキシン，ジベレリン，サイトカイニン等の植物ホルモンのバランスがシグナルになっている[1]．このように樹木の成長の仕組は複雑である．本章では植物ホルモンの働きに関する生理学的な議論は別の文献にゆずり，大きさ，重さ，あるいは形として表れてくる樹木の主として定量的な成長の特徴を考えることにしよう．

2.1　材　形　成

2.1.1　永　年　性
　草本植物はその体の地上部分が多くの場合一年以内に，あるいは竹のように長いものでも数年で枯れてしまい，新しいシュート（茎と葉）が種子あるいは地下部に残った地下茎等から再生することによって維持されている．したがって，一般的に草本植物は体が小さく地上部分に永年性がない．これに対して樹木は地上部分が一般的に数十年から長いものでは数百年を超える長い寿命を持っている．

また，幹が継続的に太くなることにより大きな体を持つようになる．その結果，巨大で複雑な三次元構造を持った森林が形づくられることになる．

2.1.2 形成層の構造とそのもたらすもの

このように草本植物と樹木には大きな違いがあるが，これらの成長の仕組はほとんど同じ原理に基づいている．すなわち，どちらも成長は基本的に幹の先端や枝のようなシュートと根の先端の部分で起こる．植物は他の生物と同じように多くの細胞からできていて，シュートでは先端部分に盛んに細胞分裂を繰り返して細胞の数を増やしている頂端分裂組織（apical meristem）がある（図2.1）．新しくつくられた細胞はいずれ葉になる細胞の集まりである葉原基（leaf primordium）や芽になる芽原基（bud primordium）等を形づくり，しだいに葉，枝，あるいはそれ以外の組織に分かれていき，また細胞自体の大きさもほぼ一定になるまで肥大化する．根の先端には保護組織である根冠（root cap）のすぐ内側にやはり頂端分裂組織があり，細胞分裂を繰り返している．このように，シュートと根の伸長成長のほとんどは頂端分裂組織の活動をもとにした，細胞分裂と分裂した細胞のサイズの拡大の結果である．また，頂端分裂組織およびこれに準ずる亜頂端分裂組織（subapical meristem, 図2.1）とその周辺以外では，次に述べる樹木の形成層（cambium）を除いて植物の成長を担っている部分はないと考えてよい[1]．

a. 形成層の構造

樹木には頂端分裂組織とともにもう一つ形成層とよばれる重要な成長組織がある．樹皮のすぐ内側にある組織でやはり細胞分裂が盛んに起こっている（図2.2）．しかし，頂端分裂組織とは異なり幹の材のもっとも外側に新しい細胞が付け加わ

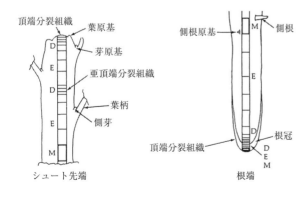

図2.1 分裂組織で生まれた細胞の並びがつくりだすシュートと根の組織の位置関係（Wilson (1984)[1] を改変）

それぞれの細胞の並びには細胞分裂が起こっている場所（D），細胞が拡大している場所（E），成熟し細胞壁の分化が起こっている場所（M）がある．

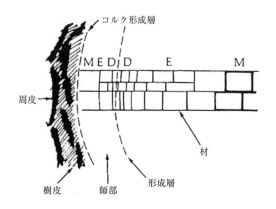

図 2.2 分裂組織で生まれた細胞の並びがつくりだす樹木の幹の組織と位置関係（Wilson (1984)[1] を改変）それぞれの細胞の並びには細胞分裂が起こっている場所（D），細胞が拡大している場所（E），成熟し細胞壁の分化が起こっている場所（M）がある．

ることになるので，形成層の活動の結果，幹が太ることになる．図2.2のように形成層はその内側，幹の髄に近い側にいずれ分化して材（wood）になる細胞をつくる．これに対し，形成層の外側，樹皮に近い側には分化して師部（phloem）になる細胞ができる．材は樹木を力学的に支えると同時に，比較的新しい材は根が吸い上げた水を葉へ運ぶ通路となる道管や仮道管を含んでいる．一方，師部は葉の中でつくられた光合成産物を枝や幹の下部へ運んでいる．また，師部の外側にはコルク形成層（cork cambium）があってやはり細胞分裂が起こり，そのさらに外側に樹皮（bark）と周皮（periderm）がつくられていく（図2.2）．

b. 巨大な構造の構築

形成層は板目面に平行な面（つまり幹の軸に平行な面）に新しい細胞をつくって幹を太らせるだけでなく，これと幹の横断面（木口面）の両方に垂直な面（つまり放射縦断面（まさ目面）に平行な面）にも沿って細胞分裂が起こる．その結果，幹の周に沿った細胞の数が増え，周の長さが年とともにしだいに長くなることができるようになっている．さらに時間とともに材の細胞はその細胞壁が厚くなり，堅牢化して大きな強度を持つようになる（木化）．このようにして樹木は，ほぼ同じ大きさの細胞が集まって体がつくられるという生物学的な制約を抱えつつ，巨大な体を構築するという問題を解決している．さらに，樹木は高い位置に成長点を維持した状態で低温・乾燥ストレスに耐えたり，花芽の分化を抑制したりするとともに，材が心材化することによって非同化器官の呼吸消費を抑えたり，高位置の樹冠への水輸送を支える維管束を発達させたりという，巨大な樹体を可能にするための様々な特徴を発達させている．

また，幹が巨大になるという特徴のために樹木は大量の炭素をその体に蓄える

ことが可能になり，その結果，森林は地球的な規模で大気中のCO_2濃度を調節する能力を有することになる．さらに巨大な幹が材木としての建築・製紙材料を人間に提供すると同時に，長期的には条件が整えば化石化して石炭を形成する．これらは形成層と厚くて強い細胞壁の存在ゆえの特徴であるといえる．

c. 複雑な三次元構造の構築とその影響

樹木はまた，巨大になるという特徴のために複雑な三次元構造を持った森林を形づくることが可能になる．例えば異なる種の樹木が共存している森林では，より背が高く光の強い場所に適応した葉を持った樹種が林冠上部の明るい場所に葉を広げ，背が低く暗い場所でも効率よく光合成を行う樹種が下部の暗いところに枝を伸ばすようになる．中間的な明るさに適応した樹種もあり，相応の色々な場所に樹冠を広げている．一方，森林の構造が複雑になればなるほど種の多様性が大きくなるという説もあり[2]（4.1.3参照），幹が巨大になるという樹木の基本的な性質が熱帯雨林のような種多様性の非常に高い場所をつくりだす理由の一つになっているといえる．

2.2 材 の 成 長

2.2.1 個体レベルの形成層の特徴：材形成と年輪形成

形成層の働きはすでに説明したが（図2.2），樹木の幹全体に注目すると，形成層によって新しい材が付け加わるのは，樹皮のすぐ下にあって幹の表面に沿った薄い鞘の形をした部分である．これはちょうど中身のないアイスクリーム・コーンを伏せたような形ともいえる（図2.3左）．この鞘の厚さは一定ではなくて，幹上部の樹冠の中ではより厚く，樹冠の下の生きた枝がない部分では薄いのが一般的である．この違いは幹に沿った高さによる年輪幅の違いとなって表れる．つまり，ある年に幹についた年輪の幅は一般的に樹冠の中では広く，樹冠より下の部分では狭くなっている（図2.3中）．一方，幹は上の方が細く下の方が太いので，地面からある高さの位置の幹断面に新しく付け加わった材の面積は，年輪幅とその位置の幹の太さによって決まることになる．材の断面積成長量は幹の頂上から樹冠の中を下がるにしたがってやや急速に増加し，樹冠の最下部のあたりで最大になる．そして樹冠より下の部分では成長した面積はあまり変化せず，ほぼ一定になる傾向がある（図2.3右）．このような鉛直方向の材の成長パターンと樹冠との相対的位置関係は比較的古くから知られていたが[3]，その後，森林と樹木の形

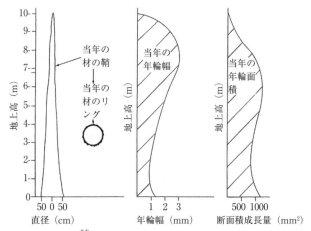

図 2.3 一年間に鞘状に生産される幹の材の鉛直分布（Wilson（1984）[1] を改変）
地上高方向の幹直径の変化と葉の分布様式の影響を受けて，当年の年輪幅と年輪面積の垂直方向の変化は一様にはならない

態と成長様式を説明する一般理論へと発展していった．

2.2.2　群落レベルの形態形成と成長
a.　パイプモデル

　この理論を説明する前に，関連する，しかし少し異なる現象をまず見てみる．図 2.4C に示したのは一般化された植物群落の生産構造図である．つまり，植物群落を水平方向の多数の薄い層にスライスしてそれぞれの層の中にある葉と葉以外の非同化器官の重さを測り，これらを垂直方向の z 軸に沿って図に表したものである．z 軸の左側に葉の垂直分布 $\varGamma_z$ が，右側に非同化器官の垂直分布 C_z が示されている．葉は樹冠の中央部分で多く，樹冠の一番上と下の端で少ない分布をしている．これに対し，非同化器官の垂直分布は図 2.3 で見た材の断面積成長量の垂直分布に良く似ている．実際 C_z は水平方向の厚さが一定の薄い層に含まれる非同化器官の重さなので，もしその比重が高さによらず一定と仮定できるなら，重さの分布と断面積の分布は同じ形になると考えてよい．

　図 2.4C に表されたパターンは極めて一般的に観察されるが，その意味するところは当初明らかではなかった．大阪市立大学理学部の吉良竜夫のもとで植物生態学を研究していた篠崎吉郎は，ある日大きなクスノキを眺めていたとき，葉の

2.2 材の成長　　　　　　　　　　　　　　13

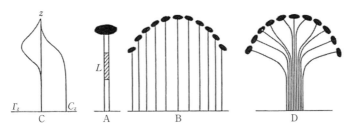

図 2.4　単純パイプモデルの模式図（吉良（1965）[4]，小川（1980）[5] より）
一定の単位断面積を持つパイプの先端に単位量の葉が付いている単位パイプ系が集まったものとして，樹木個体や群落の形を理解することができる．A：単純パイプ葉，B：群落，C：生産構造図，D：植物個体；黒丸は単位量の葉を示す．

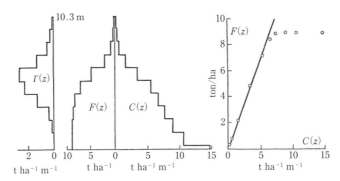

図 2.5　アカエゾマツ林の葉量密度 $\Gamma(z)$，$F(z)$，$C(z)$ の垂直分布と $F(z)$ と $C(z)$ の間の関係（吉良（1964）[4]，小川（1980）[5] より）
葉量密度と非同化器官との間に正比例関係が成り立つ部分と，それが成り立たなくなる部分がある

　垂直分布を Γ_z そのままではなく垂直方向に上から下に向かって順次足し合わせていった積算分布（これを F_z とよぶ）を考えれば，その分布の形が非同化器官の分布 C_z とほぼ同じようになるのではないか，とひらめいた．計算して図を書き直してみるとそのようになった（図 2.5 の F_z と C_z）．図 2.5 の一番右の図は縦軸に F_z，横軸に C_z をプロットしたものだが，樹冠の中ではたしかに二つの変数が正比例していることが分かる．
　もし，一定の重さの小さな葉（同化器官）に一定の太さのパイプのような通道組織がつながったものが単位として存在し，植物の体はこの単位を多数束ねたものだと仮定すると，これから導かれる F_z と C_z の関係は正比例になる．つまり，

植物個体も植物群落も，この葉とパイプとからなる単位の寄せ集めとして理解できる．これによって生産構造図の定量的関係も植物の形も理解することができる（図2.4B, D, 図4.1）．この考え方はパイプモデル理論とよばれ[6]，いろいろな植物や生態系のモデルに応用されるようになった（例えば依田（1971）[7]，Chiba et al.（1988）[8] を参照）．

しかし，図2.5に示されたデータには上の説明だけではまだうまく理解できない部分がある．それは樹冠の下端より下の部分で F_z は一定になるのに C_z は地面に達するまで増え続けている点である．図2.5右のグラフの C_z の値が大きな部分では，C_z が増える一方，F_z は一定になっている．これはどのように解釈できるだろうか．パイプモデルはこの問題に対しても答えを提供している[6]．樹木個体には，ほぼ必ずすでに枯れ落ちた葉と枝がある．たとえ枝が枯れてもそれにつながっていたパイプで幹の内部にあったものがなくなって空洞になることはない．このように枯れ落ちたシュートを形成していたパイプのうち幹の中に埋もれていた部分がそのまま残っていると考えると，樹冠の下端より下の部分でも C_z は一定値にならず増え続けることが説明できる．図2.6はこれを模式的に示している．点線で示された葉と枝の部分のパイプは枯れてなくなっているが，これらにつながっていた幹内部のパイプはそのまま残っている．このようにパイプモデルによって樹木と植物群落の形や各器官の重さの定量的な関係を非常にうまく説明することができるようになった．

b. プロファイルモデル

パイプモデルは葉や非同化器官の間の定量的な関係を記述することができるが，一つの弱点は時間の経過に伴う変化を積極的に扱っていない静的なモデルだとい

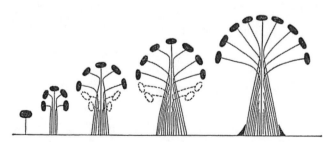

図2.6 樹形のパイプモデル（Shinozaki et al.（1964）[6]，依田（1971）[7] より）パイプモデルを想定することにより，成長に伴う樹形の変化を定量的に理解することが可能である

う点である．時間変化を組み入れて同じ問題を考えることはできるだろうか．この問題に最初に取り組んだのは Chiba et al. (1988)[8] である．彼らは図 2.4C に示された葉の垂直分布（$\varGamma_z$）がその分布の形を保ったまま，時間が経つにつれて上方へ一定の速度で移動していくという仮定をパイプモデルに組み込んで議論を展開した．そして，その結論の一つとして，樹木個体全体の一年間の材の成長量が樹冠直下における厚さ（長さ）1mの幹に付いている材の重さに等しい，という予想を導き出した．さらに実際のデータを使ってこの予想が正しいことを示した．既存の方法では，一本の樹木の色々な高さから幹の円板サンプルを切り出し，それらすべてに付いている年輪幅を細かく読み，さらに手の込んだ計算を行う樹幹解析とよばれる手順を踏むことによってはじめて一本の木全体のある年の材の成長量を推定することができる．これに対し，Chiba et al. (1988)[8] の方法を用いれば，樹冠直下から円板を一枚取るだけで過去の材成長量がすべて推定できてしまうことになる．

その後，この議論は Osawa et al. (1991)[9] によってさらに進められ，葉の垂直分布の時間変化が明確に定式化された．すなわち，一年間の材の成長量は樹冠直下の厚さ1mの幹に付いている材の重さに加えて，全葉量と樹冠下端の地上高の影響も受けるという定量的関係が導かれ，温帯と亜寒帯の6樹種のデータによって検証された．Chiba et al.[8] の理論よりやや複雑な関係になったが，いずれにしても，パイプモデルが提唱した考え方の正しさが確かめられたということになる．

樹幹解析からも分かるように，年輪には樹木個体や森林群落の構造と生理機能に関する色々な情報が含まれており，隠された情報を読み解いていくことが可能である．もちろんすでに脱落してしまった葉や枝の量は推定するのがよりむずかしい．しかし，樹木個体の全葉量が樹冠下端付近の幹断面積（あるいは図 2.5 の C_2）に正比例することが分かっているので，過去の樹冠下端の位置を幹に多く残っている節周辺の年輪パターンから推定すれば，その年の樹木の葉量を知ることができる．類似の方法を森林全体に応用して，すでに枯れて消えてしまった樹木を含めて過去の森林の葉量，幹材積，現存量，樹木の本数，成長量等も推定できるようになっている[10]．過去の測定データの蓄積がない森林や森林地帯での成長履歴の復元が可能になるので，今後，広域の森林地帯や地球規模の森林成長解析が進むと考えられる．

［大澤　晃］

2.3 芽の性質と成長

　樹木の芽は主幹の頂端に形成される頂芽（apical bud）と，葉腋等の節に形成され，枝として発達していく側芽（腋芽，わき芽，lateral bud）に分けることができる．このような定まった位置に形成される芽は定芽（definite bud）とよばれる．樹木の頂芽は，通常，側芽の発達，伸長を抑制している．この現象は頂芽優勢性とよばれている．主軸の折損や病虫害等によって頂芽が失われたときには，頂芽に近い側芽の伸長が活発化し，やがて頂芽になり代わって成長を続けていく．なお，頂芽や側芽の成長が止まり，休眠状態にあるときは休眠芽（dormant bud）とよばれるが，とくに冬季には冬芽（winter bud）とよばれている．

　ミズナラやクヌギ等の幹や枝の樹皮内には，休眠した状態で長期間にわたって維持される潜伏芽（抑制芽，latent bud）がある．比較的若いクヌギを伐採すると，一斉に切り株からシュート（枝条）が発生（根株萌芽）し，成長して株立ち状態で更新するようになる（萌芽更新）．この現象は，多くの場合，伐採によって根株部の樹皮内に維持されていた潜伏芽が休眠から目覚め，成長することによって生じる．クヌギの例では，根株部の樹皮中の潜伏芽は一定の規則性のもとにらせん状に分布している（図2.7）．また，スギやカラマツの枝を粗雑な方法で枝打ちすると，枝の基部周囲に維持されていた潜伏芽が開芽し，シュートとして伸長し始める（図2.8）．潜伏芽の開芽・成長は，頂芽が失われたときの側芽の伸長と同様の現象である．枝打ち傷の周囲から伸び始めたシュートは枝として成長するのではなく，新たな主軸として発達するため，上方に伸長していく．潜伏芽は，ときに不定芽と混同されることがあるが，側芽の一種である．潜伏芽は頂端分裂組織で形成されるために，その通導組織は主幹の木部内を通り，独立した状態で髄につながっている（図2.9）．

　その一方で，葉，根，茎の節間，あるいは病原菌罹患部等の場所に形成される芽を不定芽（adventitious bud）という．例えば根萌芽するニセアカシアやヤマナラシ（ハコヤナギ）属の小葉楊（*Populus simonii*）では，根端や根の表面に不定芽の原基が分化し，シュートが成長する（図2.10）．組織培養によって培養した体細胞由来のカルスに形成される芽もまた不定芽である．

　伸長成長過程における頂芽の展開様式は連続（自由）成長型（free growth），固定成長型（fixed growth），および断続成長型（recurrent growth）の三つのタ

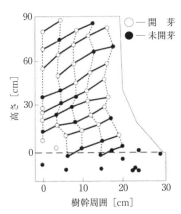

図2.7 クヌギの幹のおける潜伏芽の分布（玉泉（1988）[11]より）

図2.8 粗雑なスギの枝打ち傷の周囲から伸長したシュート

イプに分けることができる（図2.11）．ヤマナラシ（ハコヤナギ）属，シラカンバ，カラマツ等は，冬芽の中に形成されていた数個の葉原基（leaf primordium）が春に展開したのち，茎頂部では新たな葉原基を次々と形成，展開し続け，成長期間中，連続的に伸長成長が進行する．このような成長様式は連続成長型であり，頂端の芽は，展開する葉の数が定まっていないために未定芽とよばれている．これに対してアカマツやトチノキでは，冬芽の中にその年に展開するすべての葉原基が完成された状態で準備されており，伸長成長とともにすべての葉原基を展開

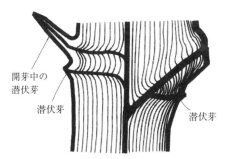

図2.9 樹幹の縦断面で見た潜伏芽の構造の模式図（Johnson（1984）[12]を改変）

図2.10 小葉楊（*Populus simonii*）の根萌芽

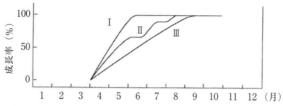

図 2.11 Ⅰ 固定成長型, Ⅱ 断続成長型, およびⅢ 連続成長型の成長経過（永田（2002）[13] より）

図 2.12 インドネシアのメルクシマツに多発するフォックステイル現象

し終えると，次の年の休眠芽の形成段階に移行する．このような成長様式は固定成長型であり，その休眠芽中には展開する葉の数が定まっているところから既定芽とよばれる．さらにコナラやクスノキでは，休眠芽は既定芽であるが，成長開始とともに早期にすべての葉原基を展開し終えると，ただちに新たに芽を作り始め，一定数の葉原基が形成されると再び成長を開始し，葉原基が展開する．成長期間中のこのような頂芽の形成と展開が断続的に起こるところから，このタイプは断続成長型とよばれている．

このような成長パターンは日長や温度を人為的に変えた環境条件で生育させれば，まったく異なったものになる．例えば赤道近くに分布するメルクシマツ（*Pinus merkusii*）やカリビアマツ（*Pinus caribaea*）に多発するフォックステイル（連続枝なし成長, fox tail）現象（図 2.12）は，アカマツでも実験的に誘導することができる[13]．通常，アカマツは固定成長型であり，伸長成長は 5 月末にはほぼ停止し，葉の発達と新たな頂芽や葉原基の形成段階に入る．しかし 18 〜 20 時間の日長条件下に苗木をさらすと，側芽が形成されないまま頂芽が連続的に伸長し，順次，葉が展開するようになってしまう．この形状はキツネの尾に似ていることからフォックステイルとよばれている．

一方，アカマツは自然条件下でも，8 月中旬ごろに突然，すでに形成されてい

る頂芽が伸長し始めることがある．この現象は土用芽（lammas shoot）とよばれる[13]．土用芽の発達とは，頂芽の中の葉原基が一定数以上に達した段階で，なお14時間程度の日長条件が満たされれば，休眠期に入る前に頂芽の伸長と葉の展開が進行してしまう現象である．

[山本福壽]

2.4 根の成長

2.4.1 根の成長特性
a. 根の形態と成長特性による分類

　地上部のシュートと同様に根の成長も主として頂端分裂組織で起こる細胞分裂と，新しくつくられた細胞の成熟と肥大化によって起こる（図2.1）．したがって，根の伸長成長はその先端の根端（root tip）のみで起こると考えてよい．また，根端からやや離れた位置にほぼ一定の間隔で側根原基（lateral root primordium）が形成され，ここから側根（lateral root）が成長する．側根は根の主軸より細く，短いのが普通である．側根にはさらに側根原基ができ，二次，三次とさらに次数の高い側根が発生する．根端には一般的に大きさによって大小の二種類がある．大きな根端（直径約2mm）は主軸の先端にあり，伸長成長を担う．一方で側根の先端はすべて小さな根端になっているといってよい．したがって，樹木個体の根端のほとんどは細い側根についている小さな根端である．この小さな根端が水と養分の吸収を担っている．このように側根原基はほとんどの場合細根になる．しかし，主軸の根端が傷害を受けた時は根端の近くに大きな側根原基が形成され，大きな根端を持ったやがて主軸に変わる根がつくられる（図2.13）．大きな根端に連なる根の主軸は時間とともにしだいに太くなっていく．一方，小さな根端に連なる細い細根は一般に太くなることはない[1]．

　ただし，細い細根はまた，菌根菌（mycorrhizal fungi）や細菌（bacteria）・放線菌（actinomycetes）による感染を受け菌根（mycorrhizae）や窒素固定をする根粒（nitrogen-fixing nodule）を形成する（図2.6）．菌根菌等に感染すると細根はその形態を変えることが多い．マツ類にできる菌根は短くて比較的太く，また枝別れをした形状をしている．カエデ類にできる菌根はしばしば連なったビーズ状である（図2.6）．菌根には菌糸が表皮細胞等の隙間にあって細胞内には入らない外生菌根（ecto-mycorrhiza）をはじめ，いくつかの種類があることが知られている．また，菌根菌は感染した植物から必要な有機物を受け取る代わりに，張り

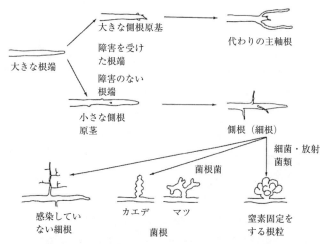

図 2.13 根端の分化と成長（Wilson（1984）[1] を改変）
大きな根端は主軸根に，小さな側根原基は細根へと分化する．細根はまた，微生物との共生により，菌根，根粒等を形成する

巡らした細い菌糸のネットワークを利用して窒素，リン，カリウム等の養分を土から吸収し，宿主植物に供給している．したがって，養分条件の悪い土壌に生育している植物は菌根を形成しないと成長速度が著しく遅くなる．

　細菌が感染して窒素固定をする根粒は短くて膨らんだ構造を持ち，動物の血液に含まれるヘモグロビンに似た物質を含んでいる．根粒をつくって窒素固定を行う植物の代表的なものはマメ科の植物であり，熱帯地域に分布している樹種が多い．放線菌類に感染して根粒をつくる植物の代表格はハンノキの仲間であり，温帯から北極域にまで分布している．大気成分の約 80% は窒素なので，細菌や放線菌類による窒素固定は窒素不足に陥りやすい土壌で植物が成育するうえで非常に有利なメカニズムである．マメ科の植物以外で窒素固定を行う根粒をつくる植物は現在，7つの科で14属が知られている[1]．

b. 純一次生産量の一部としての細根の成長

　細根の成長は樹木への水分と養分の供給に密接に関連した植物生理学的な問題だが，同時に生態系の純一次生産量（net primary production）の主要な部分をなす生態学的な問題でもある．純一次生産量とは，葉が行う光合成生産によって一定期間内につくられた有機物質の総生産量（総一次生産量，gross primary production）から植物が自身の体を維持し，またエネルギーを得るために行う呼

吸量（respiration）を差し引いたものである．簡単な器具で直接測ることはできないが，生態系内の植物の実際の成長量に，同じ期間に植物の体から脱落した葉，枝，繁殖器官，細根等の重さを足し合わせることによって推定することができる[14]．細根の生産量は，根が地下にあって継続的に見ることがむずかしく，観察するためには破壊が必要なこと，また，同時に起こっている細根の成長・枯死・分解を測定する良い方法が最近までなかったこともあり，よく分かっていなかった．しかし，近年の測定を総合的に判断すると，細根の生産量は地上部分の生産量に匹敵するか，場合によってはそれよりかなり多い場合があることが分かってきた[15]．つまり，森林の純一次生産量を正確に把握するためには細根生産量の測定を無視することはできない．

c．細根生産量の推定

細根の生産量を推定する方法には様々な方法があり，それぞれ長所と短所がある．現在でも，どんな生態系でも使える完璧な方法はない．主な方法には，土壌コアを連続して採取し，その中の生きた細根と枯れた細根の現存量の変化を追跡する連続土壌コア法，根の入っていない土壌コアを実験的に埋めて一定期間にその中に成長してくる細根の量を測定するイングロースコア法，定期的に根を観察することができるような窓をつくり観察を継続して画像データから成長量を推定するミニライゾトロン法，およびこれを変形した方法（例えばスキャナー法，根箱法等）がある．どの方法も連続的に分解していく枯死細根の分解量を，またやはり連続して起きる細根の成長と枯死とを一緒に測ることがむずかしかった．しかし，根の分解実験を他の測定法と同時進行で行うことによって枯死細根の分解量を推定することで，枯死量と分解量を考慮しつつ，より正確な細根成長量の推定ができるようになってきた（例えば Osawa and Aizawa（2012）[15] を参照）．

［大澤　晃］

課　題

(1) 樹木個体の総葉量は樹冠最下部の幹直径を変数に使った1変数の回帰式を用いて精度よく推定できることが知られている．その理由を考察しなさい．
(2) 図 2.3 の中央に示されているように，当年の年輪幅は樹冠下部で最大となり，その上下で減少するように変化するのが一般的である．このパターンをパイプモデルを用いて説明しなさい．
(3) 細根の成長，枯死，分解は地中で同時に進行すると考えられる．これまで開発さ

れている細根動態の推定法は，同時進行で起こっているこれらの現象をどのようにとらえて定量化しようとしているか，概観しなさい．

引用文献

[1] Wilson, B.F., 1984, *The Growing Tree*, The University of Massachussetts Press.
[2] Kohyama, T., 1993, *J. Ecol.*, **81**, 131-143.
[3] 尾中文彦，1950，京大演報，**18**, 1-53.
[4] 吉良竜夫，1965，北方林業，**192**, 69-74.
[5] 小川房人，1980，個体群の構造と機能，朝倉書店．
[6] Shinozaki, K. et al., 1964, *Jpn. J. Ecol.*, **14**, 97-105.
[7] 依田恭二，1971，森林の生態学，築地書館．
[8] Chiba, Y. et al., 1988, *J. Jpn. For. Soc.*, **70**, 245-254.
[9] Osawa, A. et al., 1991, *For. Ecol. Manage.*, **41**, 33-63.
[10] Osawa, A. et al., 2005, *Trees, Struct. Func.*, **19**, 680-694.
[11] 玉泉幸一郎，1988，日林九支研論，**41**, 69-70.
[12] Johnson, H., 1984, *Hugh Johnson's Encyclopedia of Trees*, Gallery Books.
[13] 永田 洋，2002，樹木の季節適応，永田 洋・佐々木惠彦編，樹木環境生理学，1-42，文永堂出版．
[14] 小池孝良，2005，森林生態系における「生産機能」，中村太士・小池孝良編著，森林の科学—森林生態系科学入門，朝倉書店．
[15] Osawa, A. and Aizawa, R., 2012, *Plant and Soil*, **355**, 167-181.

第 3 章
森林の物質生産

要　点

(1) 陸地の 3 割に相当する森林の現存量と純一次生産量は，陸上植生のそれぞれ約 8 割と約 5 割を占める．
(2) 森林の物質生産量は，成長期間が長いほど多い傾向にあり，成長期間は気温と降水量の季節変化によって規定される．
(3) 樹木の成長は，葉の光合成効率と光合成産物の葉への分配割合によって規定される．
(4) 森林の現存量増加には，樹高成長による森林の占有空間の拡大が必要である．

キーワード

現存量，純一次生産量，光合成，地位指数，相対成長関係

3.1　光合成と再生産過程

　森林は，葉での光合成によって CO_2 と水から炭水化物を生合成し，その炭水化物（光合成産物）を用いて各器官を生産し，その器官を用いて光合成を行うという再生産過程によって物質生産を行っている．光合成産物の一部は呼吸によってエネルギー源として消費され，残りが各器官の生産に使われる．光合成生産の総量を総一次生産量（以下，総生産量）といい，総生産量から呼吸量を減じた量を純一次生産量（以下，純生産量）という（図 3.1）．純生産量は，新たな器官をつくる資源として使われるため現存量（植物体の乾重量）を増加させるもととなる．しかし現存量の一部は枯死木や落葉，落枝，枯死根として脱落（枯死脱落量）したり，昆虫や動物によって食べられたりすること（被食量）から，現存量増加量は純生産量よりそれらの分だけ少ない量となる．ある期間の植物群落の純生産量は，その間の現存量増加量に枯死脱落量と被食量を加えることで測定される．枯死木の発生や単位面積あたりの落葉落枝量を調べることで地上部器官での枯死脱落量や被食量の測定は可能だが，地下部器官（根）での測定については精度の高

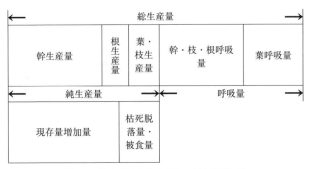

図 3.1 総生産量と純生産量，現存量増加量

い方法が確立していない．総生産量は，純生産量の測定値に呼吸量を加えることで推定される．森林全体の呼吸量を実測することは困難であり，少数の試料での測定結果から推定されることが多いため，純生産量よりも大きな推定誤差を含む可能性がある．土壌中の微生物や土壌動物の呼吸も含めた森林生態系全体と大気との間の二酸化炭素の収支を測定する方法に気象学的方法（CO_2 フラックス測定）がある．この方法では，平坦で十分な広がりを持っている均質な森林を前提としており，小規模な森林に用いることはできない．またリターや枯死木としての土壌への有機物供給と土壌での有機物分解が釣り合っていて土壌有機物量が測定期間の始期と終期で変わらないと見なせる場合には，植物の現存量の増加を測定できる方法である．

総生産量と葉量には，以下の式が成り立つ．

$$総生産量 = \frac{総生産量}{葉量} \times 葉量$$

例えば年総生産量（単位土地面積（m^2）あたりの年光合成生産量，$kg\,m^{-2}$ 年$^{-1}$）は，単位葉面積あたりの年総生産量（葉の生産効率，$kg\,m^{-2}$ 年$^{-1}$）と葉量（単位土地面積（m^2）あたりの葉面積，$m^2\,m^{-2}$）によって決まるといえる．葉の生産効率は，成長期間の平均的な総光合成速度に，葉量は成長期間の平均葉量にそれぞれ相当する．葉の生産効率に関わる要因としては，葉の光合成能力とその能力の発揮に関わる環境要因がある．光合成能力を低下させる環境要因としては，土壌の肥沃度と加齢等があり，また，能力の発揮を低下させる環境要因として土壌乾燥や高温，低温，被陰等がある．葉の光合成能力は，一般に陰性の植物より陽性の植物で高く，成熟した葉では葉齢が高いほど低い傾向にある．葉現存量は，

森林の発達に伴って増加し，林冠が閉鎖する時期に最大になり，その後やや減少し，樹種ごとにほぼ一定の値で安定する[1]．これは，葉の生存が受光量によって規定されることから，林冠が閉鎖した後は，樹高成長に伴う樹冠上部の葉の増加によって樹冠下部の葉の受光量が減少し枯死するためである．例えば我が国の森林の平均葉現存量（±標準偏差）は，スギでは $19.6 \pm 4.4 \mathrm{t\,ha}^{-1}$，ヒノキでは $14.0 \pm 2.5 \mathrm{t\,ha}^{-1}$，ブナ等の落葉広葉樹（葉面積 $3 \sim 7\,\mathrm{ha\,ha}^{-1}$）では $3.1 \pm 1.5\,\mathrm{t\,ha}^{-1}$，カシ類等の常緑広葉樹（$5 \sim 9\,\mathrm{ha\,ha}^{-1}$）では $8.6 \pm 2.5\,\mathrm{t\,ha}^{-1}$ 等である．林冠が閉鎖していれば，林の混み具合（林分密度）や土地の生産力（樹高の高低による指標）の違いによる葉現存量の差も小さいことが知られている[2]．

森林の現存量に占める地下部現存量の割合は，針葉樹と広葉樹ともにおよそ 20 ％（地上部 8：地下部 2）とされる．地下部乾重量は，個体の成長に伴って増大していくが，養分や水分の吸収を担っている細根は成長と枯死を繰り返している．スギやヒノキの細根の年生産量はおよそ $2\,\mathrm{t\,ha}^{-1}$ 年$^{-1}$ で，葉の年生産量のおよそ半分に相当する[3]．細根の現存量は生育地の土壌水分条件によって異なり，乾燥気味な斜面上部で多く，湿潤な斜面下部で少ない傾向が報告されている．

林冠が閉鎖する前の林分での葉量の増加速度は，純生産量の多少だけではなく，純生産量の内のどれだけが葉の生産に使われるかによって異なる．森林が発達する過程での葉量の増加は，光合成産物の葉の生産への分配によって規定される．貧栄養な，また乾燥した土壌条件に生育する個体では，光合成生産量が少ないだけでなく，葉への配分が少なく根への配分が多い傾向にあり，養水分の吸収を高めるように光合成産物が分配される．植物は，それぞれの生育環境に応じて，根と葉のバランスを取りながら成長しているといえる．乾燥や貧栄養な土壌条件では成長量（純生産量）が小さいが，それは葉の生産効率が低いことに加え，葉の増加速度が低いことも原因となっている．

3.2 森林帯と生産量

地球上には炭素換算で 654 ギガ炭素トン（Gt-C，$1\mathrm{G}=10^9$）の植物バイオマス（現存量）が存在し，そのうち森林には 536 Gt-C が存在する（表 3.1）．つまり，最も規模の大きい生態系である森林は，面積的には陸地の 3 割に満たないが，地球全体の現存量の 8 割強を貯留していることになる．単位土地面積あたりの現存量は，熱帯林でもっとも多く，温帯林，亜寒帯林の順に少なくなる．また降雨の

表 3.1 地上植生の現存量と純生産量 (IPCC (2001)[4] を改変)

	面積 (10^9 ha)	現存量		純生産量	
		総量 (10^9 t-C)	単位面積あたり (t-C ha^{-1})	総量 (10^9 t-C 年$^{-1}$)	単位面積あたり (t-C ha^{-1} 年$^{-1}$)
森林					
熱帯	1.75	340	194	21.9	12.5
温帯	1.04	139	134	8.1	7.8
亜寒帯	1.37	57	42	2.6	1.9
小計	4.16	536		32.6	
疎林・草原					
熱帯	2.76	79	29	14.9	5.4
温帯	1.78	23	13	7.0	3.9
小計	4.54	102		21.9	
乾燥地・半乾燥地	2.77	10	4	3.5	1.3
ツンドラ	0.56	2	4	0.5	0.9
耕地	1.35	4	3	4.1	3.0
計	13.38	654		62.6	

少ない地域でも現存量は少なくなる．森林が大きな現存量を維持できるのは，森林の主要な構成要素である木本植物が，草本植物に比べて長寿命で巨大になれるという成長特性を有していることによっている．地球上の植生による年間の純生産量はおよそ 60 Gt-C 年$^{-1}$ と見積もられており，そのおよそ 5 割を森林が担っている．単位土地面積あたりの純生産量も，熱帯林でもっとも多く，温帯林，亜寒帯林の順に少なくなり，同じ気候帯では乾燥地・半乾燥地で少ない．耕地に比べて森林が高い物質生産速度を発揮できるのは，常緑樹林であれば年間を通じて高い葉現存量を維持し，落葉樹林であっても林冠全体に芽が配置され，開芽期に短時間で最大葉現存量に達し，物質生産を行えることによる．これは，木本植物が冬季の低温や乾期の土壌乾燥といった成長に不適な環境条件でも地上高の高い位置に芽（成長点）を維持できることによる．同じ気候帯でも，尾根の森林に比べ斜面下部の森林で成長が速い等，土壌の養水分量に影響を与える地形条件によって成長や生産量が大きく異なることが一般に知られている．我が国の森林土壌の大半を占める褐色森林土は，土壌水分条件によって土壌型が分類されており，後述するように土壌型によってスギやヒノキの人工林の成長に相違があることが知られている．

　光合成は大気と森林の間での酸素と二酸化炭素のガス交換によっており，その際に蒸散によって大量の水蒸気が大気中に放出される．大気と森林の間でのガス

交換は，地球規模での炭素循環や水循環，物質循環において主要な役割を果たし，地域や地球の環境に影響を与える．植物は，太陽エネルギーを有機物生産に利用できる唯一の生物であり，植物による物質生産が生態系を構成する動物や微生物のエネルギー源となっている．植物にとっては，枯葉等の植物遺体の有機物に含まれるミネラルや窒素が，動物や微生物によって無機化されることによって植物が利用できる形態の養分になる．植物遺体を動物や微生物が利用し，その結果できる無機養分を植物が再吸収するという，物質循環を介した植物と動物，微生物との間に共生関係が成り立っている．したがって，植物による物質生産量が，その生態系で生育可能な生物量を規定し，生態系の規模を決めることになる．

環境要因に対する応答特性は種によって異なっている．そのため，生育地の環境によって異なる植生が成立し，優占種が交代したり，植生遷移が進行したりする．個々の種の物質生産と環境要因との関係を理解することが，それぞれの種個体群の維持機構や植生の種多様性を理解することの基盤となる．近年問題となっている，温暖化等の地球規模での環境変動が生態系に与える影響を予測するためにも，生態系を構成するそれぞれの種について環境要因と物質生産との関係を理解することが必須となる．

3.3 森林の発達に伴う現存量と純生産量の変化

森林の現存量は巨大であるが，いくらでも大きくなれるわけではない．森林の地上部が占めている空間あたりの現存量で表される地上部現存量密度には上限（約 $1.3\,\mathrm{kg\,m^{-3}}$）がある[1]．これは，樹高成長によって単位土地面積あたりの占有空間を拡大できなくなると，林分としての成長量と枯死量とが均衡し現存量の増加は見られなくなることを意味している．樹木の樹高成長の速さやその樹高がどこまで高くなるかは，樹種ごとの成長特性だけではなく，その場所の土壌特性に代表される立地条件にもよる．土壌が肥沃なほど樹高成長が速く，また，根系を発達できる土層が 50 cm 以下と薄い土壌条件では，深くまで根を張る樹種では低い高さで樹高が頭打ちになる傾向にある．例えばスギの場合には，15 m 程度の樹高で頭打ちの傾向が強くなる[5,6]．

根は地上部を支える器官であるとともに，土壌から養分や水分を吸収し地上部に供給する器官でもあり，樹木の成長を規定する重要な器官である．しかし，地上部に比べて調査に多くの労力がかかることから地下部についての情報は少ない．

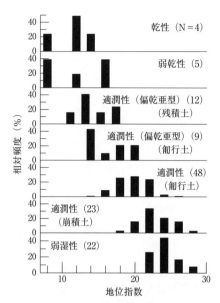

図 3.2 秩父・天竜地方における褐色森林土の土壌型とスギ人工林の地位指数の関係(真下(1983)[8] を改変)
括弧内の数字は,調査林分数.乾性にはBA型とBB型を含む.

根系の形態的な樹種特性として深根性と浅根性がある.ヒノキ等の浅根性樹種に比べて,アカマツやスギ等の深根性樹種では主根が深くまで伸長した根系が発達する.ローム質の土壌に生育するスギ高齢木では主根は 2.5〜3 m の深さに達するのに対して,同様な土壌条件でもヒノキ高齢木の根系は 1.5 m 程度までしか達しないことが報告されている[7].

林地の生産力のことを地位といい,上,中,下や I,II,III 等に大きく区分される.地位の高低は,優勢木の樹高成長に基づいて評価される.これは,樹高成長が直径成長に比べて,密度管理や枝打ち等の保育作業の影響を受けにくいことによる.また,地位を細かく区分する場合には地位指数が用いられる.地位指数は,標準的な伐期齢時の優勢木の平均樹高であり,スギやヒノキの人工林では 40 年生時の樹高が用いられている.地位指数は,乾性な土壌型で低く,湿潤な土壌型で高い傾向にある(図 3.2).同じ土壌型の場合には,残積土よりも匍行土の方が,また匍行土よりも崩積土の方が高い傾向にある.一般的に,残積土や匍行土よりも崩積土の方が,大きな孔隙(粗孔隙)が多くて軟らかく,土壌の物理性が良好な傾向にある(第 5 章参照).

ヒノキに比べてスギの成長が速いために地位指数の範囲は異なる(スギ:7〜26 m,ヒノキ:5〜18 m)が,同じ地位指数の範囲では,透水指数(土壌の深さ 50 cm までの各層位の透水速度と層厚の積和)との間に同様な相関が認められている(図 3.3).一般に,土壌の透水速度は,粗孔隙量と正の相関がある.粗孔隙は土壌構造の発達によって形成されることから,透水指数の大きい土壌は,土壌構造が下層まで発達した土壌といえ,根の伸長を阻害するほど緻密ではなく,通気性の高い,物理性の良好な土壌といえる.スギの場合は透水指数が 10000 まで,

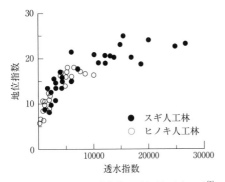

図 3.3 透水指数と地位指数の関係（真下（1960）[5]を改変）

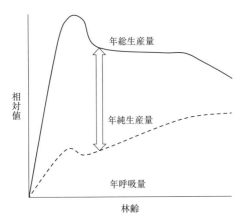

図 3.4 森林の発達に伴う総生産量と純生産量，呼吸量の変化（Shidei and Kira (1977)[1]）

ヒノキの場合は5000まで，透水指数が大きいほど地位指数が大きい傾向が認められ，このような林分では土壌物理性が成長の制限要因となっていることを示唆している．それ以上の透水指数では地位指数は頭打ちになり，そのような林分では，土壌物理性が成長の制限要因となっていないといえる．

高齢な森林に関するデータが少なく不確定な部分を含むが，森林の発達に伴い，地上部の年総生産量は葉現存量の増減に即して林冠が閉鎖する時期に最大となり，その後漸減しながら安定するものと推定される（図 3.4）．高齢期の総生産量の減少は，樹高成長に伴って葉の着生高が高くなることによる葉の水分生理状態の悪化が原因である[9]．つまり土壌から葉までの通水距離が長くなることは，通水抵抗と重力ポテンシャルの増大を意味し，土壌から吸水するために葉の水ポテンシャルをより下げる必要があり，水ストレスが増大することを意味している．前述のように森林の葉現存量は一定の量で安定するのに対して，幹や根等の非同化器官は増大し続けるため，非同化器官の呼吸量の増大が純生産量減少の要因となる．しかし，幹等は心材化によって古い木部の放射柔細胞は死んでいくため，非同化器官の現存量増加ほどには呼吸量は増加しない．辺材も生細胞は放射柔細胞（全体の10％程度）に限られるため，形成層の付近の新しい木部細胞に比べて呼吸速度は著しく小さい．総生産量に占める呼吸量の割合は，林齢が高いほど大きくなる傾向にあるが，おおむね半分程度と見積もられている[1]．

3.4 森林の現存量調査法

森林の器官別の現存量は,物質生産を理解するうえで重要な情報である.単位土地面積あたりのバイオマス(現存量)の測定法としては,対象林分の植物体をすべて刈り取って乾燥重量を測定する全量刈取法がもっとも基本的な方法である.刈り取り調査を行う調査区の大きさは,植生の高さによって異なり,精度の高いデータを得るためには一辺の長さが植生の高さよりも長い方形区を設定する必要がある.森林は草原や耕地と異なり植物体が巨大であるために,測定は容易ではない.また,破壊的な調査であり,森林の発達に伴う現存量の変化等の測定には適さない.

温暖化防止対策に関わる京都議定書でのCO_2吸収源評価における我が国の森林の現存量推定では,以下の式によって幹材積から推定する方法が取られている.

現存量($t\,ha^{-1}$)= 幹材積($m^3\,ha^{-1}$)× 材容積密度($t\,m^{-3}$)× 拡大係数

ここでの拡大係数は,幹乾重量に対する立木全体の乾重量の比であり,樹種や林齢,立木密度によって異なり,おおよそ1.5〜2の値が用いられる.幹材積は胸高直径と樹高から材積表を用いて推定できることから,この方法は非破壊的な現存量推定方法である.しかし,材容積密度(全乾状態で,スギが0.32,クヌギが0.67等)と拡大係数はそれぞれの樹種や林齢での平均値が用いられることから,日本全体の森林の現存量推定には適するが,個々の森林に対する推定法としては精度が低い.

スギ人工林等のように単一の樹種からなる林分では,少数の立木を伐採して乾重量を測定し,林分全体の現存量を推定する方法がある.一つは平均木法で,平均的な大きさの立木(平均的な胸高断面積(1.3 m 高の幹の断面積)の立木)について,器官ごとの乾重量を測定し,本数倍もしくは林分全体の胸高断面積合計との比を乗じて求める方法である.もう一つは相対成長法で,もっとも一般的に行われている方法である.相対成長法は,成長系の二つの部分(胸高直径と葉乾重量等)あるいは全体とその部分(胸高直径と個体乾重量等)との間にべき乗式($Y=aX^b$)が成り立つことを利用し,大きさの異なる何本かの立木について器官ごとの乾重量を測定し,木の大きさと各器官の乾燥重量との相対成長関係式を求め,その関係式を林分全体の立木にあてはめ現存量を求める方法である.幹乾重量は,林分高が異なっても胸高直径と樹高を変数とするほぼ同じべき乗式をあて

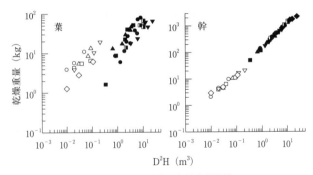

図 3.5 スギ造林木の相対成長関係
D：胸高直径，H：樹高，白いシンボル：幼齢木，黒いシンボル：高齢木．
D^2H と幹乾重量（Ws）との回帰式は，$\log Ws = 0.926 \log D^2H + 2.14$ である（相関係数：0.996）．

はめることができるが，葉や枝は林分高の違いによってべき乗式が大きく異なるため，それぞれの林分で実測データに基づいて作成する必要がある（図3.5）生枝下高直径（生きている枝が着生しているもっとも低い位置の幹の直径）は葉や枝の量と密接な関係があり，これを変数とすることで林分高の異なる林分でも一つのべき乗式をあてはめられることが知られている[10]．しかし生枝下高直径は，樹高が高くなるほど測定位置が高くなる傾向にあり，高齢林分のすべての立木で測定するのは困難である．

[丹下 健]

課　題

(1) スギの単純一斉林を想定し，総生産量，純生産量の加齢に伴う変化を図示し，そのような経時変化を示す理由を説明しなさい．
(2) 一般に，温暖湿潤な地域の森林は，寒冷な地域や乾燥した地域の森林に比べ純生産量が大きい理由を説明しなさい．
(3) 図3.5の D^2H と幹乾重量との相対成長関係を示す式を用いて，胸高直径30 cm，樹高25 m のスギ造林木の幹乾重量を求めなさい．
(4) 斜面上部に比べて斜面下部に植栽したスギ苗木の成長が速い理由を説明しなさい．

引用文献

[1] Shidei, T., and Kira, T. (ed.), 1977, *Primary productivity of Japanese forests : Productivity of terrestrial communities*, JIBP Synthesis Vol.16, University of Tokyo Press.

[2] 佐藤大七郎，1973，陸上植物群落の物質生産 Ia ―森林―，共立出版.
[3] Noguchi, K. et al., 2007, *J. For. Res.*, **12**, 83-95.
[4] IPCC, 2001, *Climate Change 2001, The Scientific Basis*, IPCC.
[5] 真下育久，1960，森林土壌の理学的性質とスギ・ヒノキの成長に関する研究，林野土壌調査報告 **11**, 1-182.
[6] 丹下 健，1995，東大演報，**93**, 1-139.
[7] 苅住 昇，1979，樹木根系図説，誠文堂新光社.
[8] 真下育久，1983，林地の生産力に関する研究のあゆみ，「日本の森林土壌」編集委員会編，日本の森林土壌，156-187，日本林業技術協会.
[9] Ryan, M.G., and Yoder, B.J., 1997, *Bioscience*, **47**, 235-242.
[10] Sumida, A. et al., 2009, *Silva Fenn.*, **43**, 799-816.

第4章
森林の構造と環境

要 点

(1) 層別刈り取り法によって作成される生産構造図から群落の光合成生産を推定する手法, Monsi-Saeki (MS) 理論の概要を紹介する.
(2) 更新補助作業の基礎を更新稚樹の成長特性と光環境から理解する.
(3) 銘木生産から環境保全に資する保育作業の積極的意味を学ぶ.

キーワード

生産構造図, 林冠・樹冠構造, 光環境, 光質, 保育作業

　森林の構造と光・水分・温度環境は不可分である. 本章では樹冠の生産構造と光合成生産の関係を林内環境と生育する樹種の応答の観測例から紹介し, 持続的生産の基礎となる情報を提供する. 森林の CO_2/H_2O フラックス・モニタリングの一環として数多くの成果がタワーを用いて生まれているが, 本章ではそのプロセスに焦点を置く. なお, 光合成作用に直結する光資源に関する情報は第6章にて述べる.

4.1 葉の空間配置

　同一種からなる草本植物の群落構造と光環境の関連の定量化に成功したのは Monsi und Saeki (1953)[1] であり, そこでは生産構造図が提唱された (図4.1参照). 彼らは生産構造図から群落光合成量推定の基礎を確立し, これは MS 理論として広く知られている. 本論が出された翌年に出版された佐藤大七郎の『育林』には, この理論の応用が記されている[4]. その後, 各地の森林で生産構造図による解析が進められ, 世界を先導する研究が次々に発表された[5,6] (第2, 3章を参照).

　生産構造図は層別刈り取り法によって作成する. 草本群落では, まず, 葉群の各高さの相対光強度 ($I/I_0 \times 100$, I および I_0 については後述する) を葉群に対応させてプロットし, $I/I_0 = 100 \sim 0\%$ を結ぶ. 群落を構成する主な構成種とその他

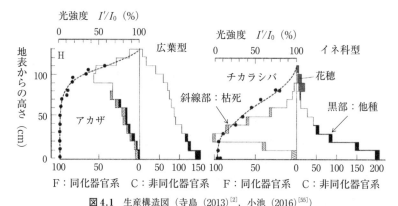

図 4.1 生産構造図（寺島（2013）[2]，小池（2016）[55]）
森林では，樹冠上部から光の減衰を調べた後，幹下部から一定間隔で切り分けて同化器官（＝葉）と非同化器官（＝幹，枝等）の生重を示して作成する．切る間隔は，目的に応じて50 cm～100 cm等を採用することが多い．葉の垂直分布は $F(z)$ で表わす．パイプモデル等で利用される $C(z) \sim F(z)$ 関係は，積算値を基礎にしている（図 2.5 参照）．

の葉の空間的配置（F）と支持器官（非同化器官，C）との関係を垂直に示す[1]．この関係から，樹冠を支える幹の機能と樹木の水分利用にまで言及したパイプモデルも生まれた[7]（2.2 参照）．

　MS 理論では葉群による光の吸収が光合成生産の推定に重要である．積算の葉面積指数（単位面積あたりの葉面積，leaf area index：LAI）と相対光強度には片対数で直線的に減衰する関係がある．群落表面からある深さ z の位置にある光の強さ $I(z)$ とその深さまでの葉面積の総和（積算葉面積）$F(z)$ との関係は，次の $I(z) = I_0 e^{-KF(z)}$ で表される．ここで I_0 は群落表面での光の強さを表し，e は自然対数の底，K は葉の吸光（消光）係数であり，片対数軸上での $F(z)$ と相対光量関係の傾きを示す．これは光の吸収に関するベール・ランバート（Beer-Lambert）の法則であり，積算葉面積の単位量を通過するごとに光量は $1/e^K$ ずつ減少することを意味する．

　葉の吸光係数 K は植物種によって異なり，葉の厚さなどの形態だけではなく着生角度の影響を受け，水平であるほど大きく，直立葉では 0.4 程度になる[1]．一般に，群落の K は草本群落より森林の方が小さい．しかし，イネやグラジオラスのように直立する葉を持つ植物群落では，K はかなり小さいが葉面積指数は大きい．水平葉の吸光係数 K を 1 とすると，森林で見られる $K = 0.35 \sim 0.70$ は葉の平均的傾きが 45～75°を意味する．しかし，この値は大きすぎて実態に合わない．

この点は森林の葉群をクラスターと見なすことで解明された[7]．これらは4.1.1に述べる．

　Saekiは，草本群落の光合成生産量を推定する場合，群落上部の葉の光合成機能を基礎に定量化できることを見出した[8]．しかし，森林群落は林冠が発達しているため，MS理論を森林群落へ拡張するときには草本群落での考え方だけでは不十分であった．そこで，林冠上部の光合成能力だけではなく，林冠内部の光環境に順化した葉の光合成機能を組み込んだモデルが水俣の常緑広葉樹林を対象に開発された[9]．葉の光合成機能を直角双曲線（$Pg = b \cdot I/(1 + a \cdot I)$）を用いて表し，総光合成速度は$Pg = Pn + R$（$Pn$：純光合成速度，$R$：暗呼吸速度）で表した．ここで$I$：光強度，$a$, bは係数である（aは理論的光飽和時での最大光合成速度の1/2の値が実現する光強度の逆数であり，aが大きいと葉は暗い場所でも効率よく光合成できる．一方，bは直角双曲線の原点での接線の傾きであって見かけの光量子収率ではない）．Hozumi and Kirita (1971)[9]は，これらの係数は測定した葉が生育していた場所の光環境の関数で表せることを見出し，光-光合成曲線のパラメータに組み込み，照葉樹林の光合成生産を評価した[10]．これによって群落光合成生産が森林でも推定できるようになった．その後，暗呼吸速度も同じく生育環境の関数であることが指摘された[9]．ただし，光照射時の暗呼吸速度は，光合成測定後の暗呼吸速度より小さいことが知られているが[11]，この直角双曲線の解析には考慮されていない．現在はG.D. Farquhar（ファーカー）の光合成モデルが一般的である[2,3]．

　光に対する葉の適応現象はカシ・クスノキ類を中心とした常緑広葉樹では評価できたが，経済林の主な構成樹種，とくにスギ林の光合成生産量の推定を行うためには，針葉の葉面積の推定に困難を極めた[12]．そこで，オイル法（スギ針葉の表面に付着する植物油量から推定する方法[13]）がガラスビーズ法（道路の白線中に含まれる表面積が既値のガラス玉を霧状にして，そこに糊を塗布した針葉を入れて付着させ表面積を計算する）[14]の発展系として開発された．しかし，どちらの方法も測定が煩雑であった．そこで，光遮断量から生産力を推定する方法がフィンランドのヨーロッパアカマツ群落での研究から提案され，シルエット面積法として広く採用されている[15]．

4.1.1　樹冠の生産構造：クラスター構造

　林冠内での光の減衰は測定高よりも上層部の積算葉量と葉の着生角度（広葉型

とイネ科草本型）によって規定される．しかし，草本群落に比べて森林群落では枝単位で構成される葉群の分布のばらつきの影響を強く受ける．このため，層別刈り取り法では必ずしも林冠内の高さと光強度の関係を正確に表すことができない．事実，草本群落のLAIは$3 \sim 5\,\mathrm{m}^2\,\mathrm{m}^{-2}$であるが，森林では2倍量以上の$6 \sim 8\,\mathrm{m}^2\,\mathrm{m}^{-2}$であり，常緑針葉樹では$16\,\mathrm{m}^2\,\mathrm{m}^{-2}$に達する[16,17]．しかし，積算LAIと相対光強度の関係からは，Kは草原に比べると森林で一般に小さい[10]．Kは一般に水平葉で最大であり，葉の傾きが大きくなるほどその値は小さくなる．この理由をShinozaki et al.(1964a, b)[7]は，樹冠部と森林構造をクラスターモデルで表し，林内への光の透過量と森林の葉量との対応で示した．クスノキでは典型的であるが，樹冠部もクラスター構造を示すため，群落光合成の推定にはモデルの改良が必要であった[18]．森林では小枝単位の葉クラスター（房，同種の集合体）を形成し，これらは，さらに大枝のクラスター群となる．このクラスター群は集合して個体の樹冠となり，さらに林分として林冠を構成する（図4.2）．このクラスターの存在が森林の持つ大きなLAIと低いK（＝高い光の透過率）を持つ理由であると指摘した．

ここで，林分の基本単位になる個体ごとの樹冠の生産構造を解明する手法として「さいの目法」が紹介された[19]．実証例として，ミカン樹の果実生産を向上させる剪定技術に関連して樹冠内の生産構造が解析された[20]．成長初期においては葉は樹冠内にほぼ一様に分布しているが，成長に伴い樹冠内上部に集中的に着生する．事実，樹冠の生産構造は多くの樹木の果実の発達に直結し，炭素同位体を

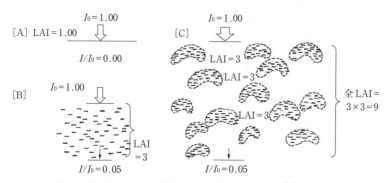

図4.2 樹冠のクラスター構造と光の減衰（小川（1980）[10] から作成）
[A] 1枚の水平葉の場合
[B] 小型の水平葉が林冠内に分布する場合
[C] 小型の水平葉がクラスターをつくり，そのクラスター群が林冠を構成する場合

用いた結果，貯蔵養分ではなく当年の光合成生産物が堅果や果実の発達に重要な役割を果たすことが分かった[21,22]．

造林木の樹冠内での生産性は，ドイツ・ゾーリングの89年生ヨーロッパトウヒのバイオマス（現存量），微気象，光合成機能の解析から示された[23]．当年枝の最大長は樹冠中部に見られ，最大の年光合成生産速度も樹冠内部の中上部に見られた．ヤチダモとハリギリを主体とする樹高15m程度の落葉広葉樹での測定からは，樹冠表層ではなく内部での光合成速度値がもっとも高かった．樹冠表層は未成熟な葉が存在し，光阻害の影響を受けている可能性が指摘された[24]．

カラマツ若齢林分における「さいの目法」による生産構造の測定が光合成法と関連付けて実施された[25]．樹高が約12mに達するカラマツ樹冠の詳細な解析の結果，樹冠上部では当年枝である長枝葉が多く，樹冠内部と下部では長期間生存できる短枝の針葉が多く，これらの分布の境は隣接個体との関係で決まることが示唆された．また，植栽密度に影響されるが，葉面積密度（$m^2 m^{-3}$）が高いのは樹冠先端から2〜3m部位であった．また，葉面積密度の低下は樹冠内部の非同化器官である枝・幹による光の遮断にも影響を受けるが，相対光強度との対応関係が密接であった．これらの傾向はストローブマツでも検証された[26]．

次に，発達した森林構造が多種の共存を可能にしていることを野外調査とモデルから解明した例を紹介する．

4.1.2 針広混交林の構造

北海道中央部以南では針広混交林が林況であり，帝室林野局（現・宮内庁）の施業によって針広混交林での天然更新を模した森林管理が行われた．この考え方は松川恭佐[27]の「森林構成群を基礎とするヒバ天然林の施業法」においてヒバとブナ混交林の施業から始まり，東京大学北海道演習林を舞台とした高橋延清の『林分施業法』へ発展した[28]．森林は発達段階の異なる小面積の林分によってモザイク状に構成される（再生複合体説）[29]．

この発達過程が樹冠の空間の分割の視点から解析された．各構成個体の根元位置を測量し，幹の方向を記録して高さ別の年輪解析を行い，年輪の変位方向を結合ベクトルとみなして林冠形成過程を解明した[30]．この結果，根元はやや集中的な分布をしていても林冠は一様分布していることが明らかになった．もちろん林冠は樹種ごとの小パッチから形成されているが，これは，成長過程において競争や自己間引きが生じ，個体間に距離ができるような配置になるからである[31]．な

お，一般的に競争初期は養水分を巡る2方向の競争であり，個体サイズが一定以上に達すると光を巡る1方向（＝優勢木と劣勢木）の競争になる[32]．

一方，枝下高の高いことは樹冠下に生育する個体に物理的な生育空間を与えるだけではなく，林冠が完全に閉鎖（うっ閉）した場合を除いて樹冠下を明るくする[33]．エゾマツ，トドマツ，シナノキ，イタヤカエデ混交林での調査とシミュレーションでは，樹冠下の相対照度は枝下高と正の相関関係があり，同じ枝下高でもシナノキの樹冠下の相対照度が高かった．また，シナノキは枝下高が高くその樹冠下がより明るいために，樹高の高いトドマツ等が生育できることが指摘された[34]．

4.1.3 森林構造仮説

この仮説では，森林の地上部構造を林内孔状地（ギャップ）の形成と修復過程を反映した林分の齢構造と，各林分を構成する各樹種の樹木個体のサイズ構造の複合体として甲山は記述している[35,36]．各林分を構成する個体の大きさ（サイズ）の頻度等の構造は，あるサイズの個体の挙動（生存・成長・繁殖）に及ぼす抑制効果を規定する．すなわち，「ある個体の挙動は，同じ林分にあるより樹高が高い個体の胸高断面積（≒葉面積）の大きさに応じた抑制を受ける」と仮定する．これによって多種の安定した共存が説明された．混みあった林分で樹冠が高く枯れ上がっているほど成り立つ近似であり，実際には熱帯林の数層，温帯林だと3層ほどを説明する仮説であり，種の多様性維持に必要な施業法に指針を与えている．

4.2 林床の環境

4.2.1 更新と光環境

北海道では天然林の更新を模した持続的な山造りは，戦前，主に帝室林野局の事業として実践された[37]．その基礎として2種類の被陰格子を用いて代表的樹種の稚樹の成長を詳細に研究し，更新の指針を示した[38]．被陰格子として，散光条件で稚樹を育成できる寒冷紗と，林床へ到達できる直達光を再現できる被陰格子とを用いて稚樹の生存に必要な光量を解明した．後者は角材を組み合わせ，必要な光量が確保できる．また，北アメリカでは2枚の板を組み合わせ，直達光の入る幅を変えることで光量を調節し，カバノキ属の近縁4種の光利用特性を明らかにした[39]．

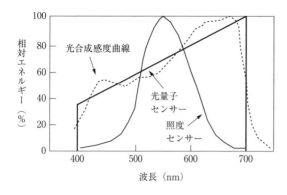

図 4.3 光合成作用曲線と相対的エネルギー（稲田（1984）[41] より）McCree と Inada による 61 種類の作物の光合成作用曲線の平均値では，赤色光（625〜675 nm）に大きなピークと青色光（440〜450 nm）に小さなピークがある[41]．光合成作用曲線の光質バランスは，赤色光の作用が高く，青色光の作用が低い
（岩崎電気 HP より許可を得て作成）

成長期間の気温が 20〜25℃付近の温帯林では，相対光強度（$I/I_0 × 100\%$，I：その場の照度，I_0：全天状態の照度）5% 以下ではいかなる稚樹も更新できない．事実，更新の阻害要因と位置付けられる林床のクマイザサも相対照度 5% 以下では生存できない[40]．一方，相対照度 20% 以上であれば大部分の樹種も更新可能になる（表 8.1 参照）．ここで問題は光の表示の仕方である．照度計は広く出回っており簡便なことから，施業現場では「照度」を使うことが多い．lux（ルクス）センサー（照度センサー）は光の照度を測る機械であり，単位は lux（= $lm\ m^{-2}$，lm：ルーメン）である．照度計は緑色や黄色に敏感に反応する（図 4.3）．これに対して植物の光合成作用で主に利用されるのは光合成有効放射（光量子束密度）で $\mu mol\ m^{-2}\ s^{-1}$ で表す（アインシュタインにちなんだ $\mu E\ m^{-2}\ s^{-1}$ で表示することもある）[2]．

持続的森林管理の中で自然の模倣から小面積皆伐や択伐による森づくりはこれからも行われるであろう．しかし，林内での更新の成否は，初期において菌や動物の食害等が更新阻害の要因であるが，生き延びた芽生えのその後の成長は，利用できる光の質と量に依存する．

緑のフィルターとしての林冠を通過する光は，林冠の粗密度に依存するが，全天光とは量だけではなく質（波長組成）も異なっており，林床で芽生え，生育する植物は大きな影響を受ける．この現象は熱帯林での詳細な研究成果を基礎に展開された[42]．なお，光合成作用に関する詳細は第 6 章を参考にされたい．

4.2.2 散光と木漏れ日

林床の光環境は太陽高度に依存した入射光線と直結する．熱帯では日中，真上

から強い太陽光が降り注ぐが，頭上にある樹冠によって太陽光線は吸収され，直下は植物の成長には適さなくなる．閉鎖した林冠の林内は暗く，湿度が高く涼しく感じる．温帯では日当たりの良い南向き斜面と，日陰で散光が卓越する北向き斜面のような違いがあるが，熱帯では午前中の日射しの強い東向きと午後から日が射す西向きの日射の影響が植生にも影響を与える[42]．

全天光とは太陽光線と青空の反射光の混合光である．これに対して林内の光は直達光である木漏れ日（光斑：サンフレック）と，木々に当たって届く散光からなる．木漏れ日は気孔開閉に関与する青色光（390～500 nm）と光合成有効放射（380～710 nm：最近では400～700 nmを利用）の赤色光がほぼ均一な分布をしている[2]．その強度が増すと個葉は柵状組織が発達し陽葉化する．

散光は林内の日陰の場所での明るさを意味する．これは青空の反射光と葉の透過光の影響が大きいため，青色～緑色光のエネルギーが高く，赤色光（680 nm付近）は葉に吸収されて極端に少ない．赤色光に対して葉を透過した遠赤外光（700～800 nm付近）の卓越する光環境は，更新した稚樹の節間成長の促進や，先駆性樹種のタネの休眠等の光形態形成を誘導する．更新の場面では光質による成長制御にも留意する必要がある．

4.2.3 林内光の特性
a. 直達光と林内光

熱帯林での詳細な研究から，更新稚樹の成長に直結する光の特徴が明らかになった．明るい場所では林内光（散光）が多く，暗い場所では散光が少ないことから，散光の明るさがある地点におけるベースライン（バックグランド）の光量になっている．散光の明るさは比較的安定しており，太陽が雲によって遮られても急激に変化しない．さらに散光の明るさと木漏れ日の光強度と出現頻度には一定の傾向があり，散光が明るい地点ほど木漏れ日ができる頻度が高く，また，到達する光も強い[42]．薄暗いところでは木漏れ日の頻度が少なく，弱い光しか射さない．したがって林内光（散光）成分を測定することによって，その地点の光の状態を知ることができる．

更新稚樹の生存に関わる林内光としての散光の特徴を解明するために，明るさの異なる地点で，変化の激しい日の直達光と散光を同時に測定した（図4.4）．全天光が一定の強さになると散光の値が安定する．例えば，全天光の照度が5万Lux以下であれば散光である林内照度との間には直線関係が見られる．この場合，

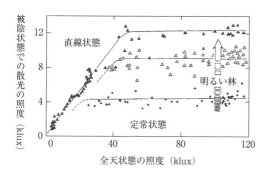

図 4.4 全天照度と庇陰下での散光の照度との関係（佐々木・畑野（1987）[42]を改変）
林内の散光照度は裸地での全天照度がある点を超えると直線から定常状態になる

　林内散光を測定し，それを全天光の値で割ると，相対照度が推定できる．しかし，全天光が強くなると散光が一定になるため，相対照度は光が強いほど小さいことになる．したがって，相対照度は曇天で測らねばならない．一方，散光が弱い条件では，全天光の照度がかなり弱い範囲でないと直線関係が見られず，曇天であっても相対照度の測定は難しい．

　林床で生存する植物にとって木漏れ日の利用の仕方が生存・成長を担う．林床での木漏れ日は曇天では見られないが，陽光が射し明るくなると見られる．すなわち林床のある地点では，全天光が強くなって林内散光が一定状態になってはじめて木漏れ日が確認でき，その明るさは全天光の照度と比例関係にある[42]．これは林内照度と全天照度の直線関係を延長した値になる．林内照度は全天照度に追随し，ある程度まで増加すると定常状態になるが，この変曲点を境に全天照度が高くなるほど木漏れ日が現れる．したがって，林内で木漏れ日が見られるときには散光は定常状態に達している．暗い林床ほど林内散光が定常状態になりやすく，相対照度は実際よりも低く評価される[42]．

　ヒノキは枝の着生角度が大きく広葉型の生産構造図を示す[43]．立木密度にもよるが，無風時では林床は暗い．しかし，風によっては木漏れ日が林床に直達光として到達する[43,44]．そこで木漏れ日の大きさをカメラで捉え，その形状を楕円形で近似した．その大きさと相対照度との関係にはベキ乗関係があった（木漏れ日を楕円形として近似する）が，これは光斑サイズが大きいほど明るいことを意味する[44]．また，林冠の開口部が大きいと木漏れ日の持続時間も長いことが，広葉樹混交林でも観察された[45]．

b．林内光の波長特性

　林内の光環境は全天条件と比べると波長組成とエネルギーに決定的な差が見ら

れる[42]．散光成分が卓越する林内での光環境では，物質生産に直結する光合成有効放射（量）とともに，波長組成（光質）が更新作業を行う際には重要な意味を持つ．古くは原田泰[37]が指摘したが，異なる色のフィルムを使って育成した主要樹種の稚樹の成長が定量化され，影響が評価された．さらに，林内の波長の観測と大規模なキセノンランプを光源にした波長別育成装置を用いた試験等を通じて，稚樹の成長調査が行われた[41,42]．この結果，赤色光に対し遠赤色光が多いという特性を持つ林内光は，マツ，スギ，ヒノキ，カンバ，ハンノキ類の種子発芽を抑制すること，また，光合成生産がある程度できる環境や貯蔵養分に依存した生育をする樹種では，林内で生育する稚樹は徒長することが多いことが分かった．傘型樹形を示す稚樹では，光合成産物が十分生産できる環境では節間が徒長し，林冠閉鎖に伴い徐々に成長が抑制されたことが葉痕の観察から推定できる．

c. 人工林の林内光

間伐等人工林の保育による林床の光環境の調節技術は，複層林の造成には不可欠の情報である．安藤貴他（1994）[46]は，後述するように人工林の多層林化への指針として，密度管理により目安となる収量比数と相対照度との関係を示した．なお北半球では，林分構造と太陽高度が同じでも，北斜面は南斜面より樹体の影が長くなるため，相対照度は北斜面で低く南斜面で高い．

伝統工法による家屋が減少していることから，枝打ちによる無節材や柾目材の生産という実施目的が減っている．さらに集成材技術の発達によって，その意義は良材の生産から，現在，作業の効率化，火災等の予防，虫害による材質劣化の回避へと移った．また，風害等を回避するには樹冠長率（樹高に対する樹冠長×100）は約60%がよいとされる[47]．

ここで，相対照度 RI は，ha あたりの胸高断面積 G，平均樹冠長 H_k，樹高 H から次式で求めることができる．

$$RI = \frac{G \times H_k}{aX + b} + c$$

ここで a，b，c は，樹種ごとに決まる定数である．したがって，間伐の収量比数との関連を樹種ごとに求めることができる（表4.1）．

例えば，ある人工林が複層林に移行し，林床での相対照度が10%まで低下した場合，その値を再び30%程度へ戻すには，再度，断面積合計の20%を間伐するとよい．また，光環境を改善するための枝打ちの効果も定量的に扱うことができる．高級とされる無節材の生産に役立つ若齢林の枝打ちは有効であるが，壮齢期

表 4.1 間伐後の収量比数と相対照度の平均値（範囲）（Chazdon（1988）[48]，安藤貴他（1994）[46] より作成）

収量比数	相対照度（%）	
	ヒノキ人工林	スギ人工林
0.4	55 (35-75)	55 (32-77)
0.6	38 (17-60)	36 (12-59)
0.8	23 (7-40)	21 (6-35)

以降の光環境の改善は，安全性と経済性からも間伐によって達成することが原則である．

なお，間伐 t 年後の相対照度 RI の変化は，以下のように近似的に表すことができる[46]．

$$\log RI = \log(RI)_0 - k't$$

ここで，k' は照度の減少率（樹高成長量との関係が深い），$(RI)_0$ は間伐直後の相対照度である．

なお，若齢時期での枝打ちは，病虫害の発生予防や相対照度を高める効果がある．しかし，壮齢に達すると労力の面からも間伐による方が一般的である．

d. 天然生林の林内光

山火事後に再生した落葉広葉樹二次林（天然生林）での調査結果から波長の重要性を示す．曇天では林内での光合成有効放射（通常 380〜710 nm であるが波長別エネルギー測定装置 LiCor-1800 では 400〜700 nm を測定）と赤色光（R，波長域 656〜664 nm），遠赤色光（FR，波長域 726〜734 nm）[2] の比は低下する．さらに，ササ存在下の林床ではさらに暗くなる．快晴の時はササより上部では木漏れ日の割合が増加して，林内での光合成生産に大きく寄与することが分かる[45]．

4.3 二酸化炭素濃度と光合成応答

樹冠観測タワーを利用した光合成生産の研究では，無風・快晴時において林冠内の CO_2 濃度は外気が 375 ppm 時点で 322 ppm まで低下した．そこで平滑な林冠表面を複雑にできる間伐によって林冠の CO_2 不足を緩和する必要がある．試験地はやや湿性であり，主要構成樹種はシラカンバ，ヤチダモ，ハリギリ，シナノ

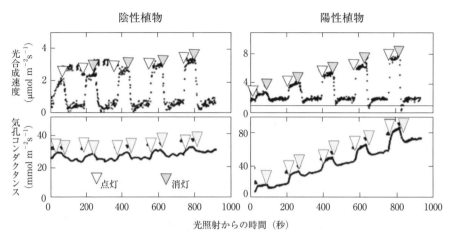

図 4.5 陽性植物と陰性植物の木漏れ日への応答 (Chazdon (1988)[48] を参考に作成)
縦軸の最大値に注目．陰性植物の光合成速度と気孔コンダクタンスの値は陽性植物の半分である．また，両者の増加速度も，陰性植物では遅い．

キであった．これらは陽樹か中間樹であり，光飽和点が高く光合成速度も高い．この林分内での CO_2 濃度の垂直変化を見ると，夜間から早朝にかけて林床から約 5 m 以下では 650 ppm 近くに達していた．早朝と夕刻に林冠から入り込む光と高い CO_2 濃度を利用して更新した稚樹は，比較的効率よく光合成生産を行っている[48]．なお，森林管理については第 8，10 章で詳述する．

　光強度の上昇に応答する光合成速度の上昇過程は光合成誘導反応という．樹木の応答としては，耐陰性の高い樹種では気孔通道性（コンダクタンス）は，木漏れ日が当たってからも大きく増加することはない[48]．しかし，林内孔状地に現れる樹種では，何度か木漏れ日が当たることによって気孔コンダクタンスが増加し，その値も耐陰性の高い樹種より大きな値を示す（図 4.5）．さらに，気孔開閉機能を失ったポプラ変異体（Peace）を利用し，高 CO_2 濃度環境の影響を調べたところ，高 CO_2 環境下では Rubisco（リブロース-1,5-二リン酸カルボキシラーゼ / オキシゲナーゼ）の活性化率も高くなり，それが光合成誘導反応の加速に貢献していることも示唆された[49]．

4.4　更新稚樹の応答

育成天然林施業では更新稚樹の成長が期待される．ところが前生稚樹が一定数

生育しており，台風や収穫等によって上層木が疎開され，光環境が改善される場合でも，それらの前生稚樹の成長がただちには始まらないことが多い．これは，暗い環境に生育している稚樹では，地下部の成長よりも，光を集め光合成するために地上部の成長を優先させているため，開放下での急激な蒸散量の増大に見合った吸水能を持つ根系が発達していないためと考えられている．

さらに，葉の構造（主に柵状組織の細胞層数）が前年の光環境によって決まる葉の前形成（predetermination）が存在する[38]．このため，疎開後に展開した葉であっても，その葉の構造は全天下の強光環境では不利な一層の柵状組織を持つ樹種がある．例えば，ブナ，キカンバ（北米の比較的耐陰性のあるカンバ類，ウダイカンバに似る），ホオノキ，ミズメ，ミズナラである[50]．

遷移後期樹種の多くは，翌年展開する葉数のほぼすべてを前年の内に冬芽の中で準備する（固定成長）．これに対して遷移前期樹種では，キカンバの春葉のように春に一斉に開く2，3枚の葉は用意されており，さらに前形成も見られる．それ以降に展開する夏葉は生育環境に応じて葉の生産数を変化させる（自由成長）．しかし，葉の前形成は，このような樹種の成長特性（固定・自由成長）に明確な対応関係がない．例えば，ブナでは冬芽の出来る時期に日陰であれば冬芽中の葉原基の柵状組織は1層であり，明るいと2層になる．しかし，その近縁種のイヌブナでは，葉の柵状組織は光環境に応じてその細胞の長さを変化させて対応させるが，層数の変化はない[51]．

更新を考えるときに稚樹にとって大切な点は，地上部・地下部の発達の季節性である．ブナやカエデ類は固定成長型の遷移後期種であり，光合成産物を主に根系へ集積し，翌年の成長開始時期にシュートを展開して生育空間を確保する．条件がよいとコナラ属では秋伸びする個体もある．一方，根箱の観察からは，カンバ・ハンノキ類等の遷移前期種（自由成長型）では地上・地下部の発達は連動する[52]．この成長の季節性に見合った更新の補助作業が求められる．

尾鷲林業の中核とも言うべき速水林業では，火力発電所からの大気汚染による障害を克服し[53]，我が国で最初に森林認証を獲得した[54]．そこでの施業の特色は適切な間伐を行い林床へ光を導入し，リターの分解を進めるとともに，上述のように下層植生の成長周期を踏まえて繁茂させ，土壌の浸食を防ぎ，地力維持に努めている点にあると考えている．

[小池孝良]

課題

(1) 台風による倒木等による光環境の改善があった場合，前生稚樹の成長が直ちには始まらない理由を考察せよ．
(2) 相対照度を測定するときに散光成分が卓越する条件で行うべき理由を述べよ．
(3) 繁殖特性を加味し，樹種の成長周期（自由 vs. 固定成長）を考慮した施業方法の例を述べよ．

引用文献

[1] Monsi, M. und Saeki, T., 1953, *Jpn. J. Bot.*, **14**, 1422-1452, （植物の物質生産，門司正三・野本宜夫共訳，東海大学出版会，1982；英訳：*Ann. Bot.*, **95**, 549-567, 2005）．
[2] 彦坂幸毅，2016，植物の光合成・物質生産の測定とモデリング，共立出版．
[3] 寺島一郎，2013，植物の生態，裳華房．
[4] 佐藤大七郎，1954，育林，朝倉林学講座，朝倉書店．
[5] 佐藤大七郎，1983，育林，文永堂出版．
[6] Kira, T. and Shidei, T., 1967, *Jpn. J. Ecol.*, **17**, 70-87.
[7] Shinozaki, K. et al., 1964a, b, *Jpn J. Ecol.*, **14**, 97-105, 133-139.
[8] Saeki, T., 1961, *Bot. Mag. Tokyo*, **74**, 342-348.
[9] Hozumi, K. and Kirita, H., 1971, *Bot. Mag. Tokyo*, **83**, 144-151.
[10] 小川房人，1980，個体群の構造と機能，朝倉書店．
[11] 野口 航，2009，光合成研究，**19**, 59-65.
[12] 橋本良二，1985，岩大演報，**16**, 1-87.
[13] Katsuno, M. and Hozumi, K., 1987, *Ecol. Res.*, **2**, 203-213.
[14] Davies, C.E. and Benecke, V., 1980, *For Sci.*, **26**, 29-32.
[15] Stenberg, P. et al., 1995, in Smith, W.K. and Hinckley T.M. (eds.), 3-38, Academic Press.
[16] 吉良竜夫，1975，陸上生態系，共立出版．
[17] Boy, J. et al., 1996, *Terrestrial Global Productivity*, Academic Press.
[18] Kira, T. et al., 1969, *PCP*, **10**, 129-142.
[19] 平野 暁・菊池卓郎，1989，果樹の物質生産と収量，農文協．
[20] 平野 暁，1962，園芸学会要旨，昭和37秋，p15．
[21] Hoch, G. et al., 2013, *Oecologia*, **171**, 653-62.
[22] Ichie, T. et al., 2013, *J. Ecol.*, **101**, 525-531.
[23] Schulze, E.-D. et al., 1977a, b, c, *Oecologia*, **29**, 43-61, **29**, 329-340, **30**, 239-241.
[24] Koike, T. et al., 2001, *Tree Physiol.*, **21**, 951-958.
[25] Kurachi, N. et al., 1986, *Crown and canopy structure in relation to productivity*, in Fujimori, T. and Whitehead, D., eds, 308-322, *Ibaraki*：*Forestry and Forest Products Research Institute*.

[26] Whitehead, D. et al., 1990, *Tree Physiol.*, **7**, 135-155.
[27] 松川恭佐，1935，日本林學會誌，**17**, 342-368.
[28] 高橋延清，2001，林分施業法-その考えと実践-，改訂版，ログ・ビー・札幌．
[29] Watt, A.S., 1947, *J. Ecol.*, **35**, 1-22.
[30] 石塚森吉，1982，日本林学会北海道支部論，**30**, 53-55.
[31] Ishizuka, M., 1984, *Jpn J. Ecol.*, **34**, 421-430.
[32] Hara, T., 1988, *Trends Ecol Evol.*, **3**, 129-133.
[33] Monsi, M. and Oshima, Y., 1955, *Jpn. J. Bot.*, **15**, 60-82.
[34] 石塚森吉他，1989，日本林学会誌，**71**, 127-136.
[35] Kohyama, T., 1993, *J. Ecol.*, **81**, 131-143.
[36] Kohyama, T. and Takada T., 2009, *J. Ecol*, **97**, 463-471.
[37] 原田　泰，1954，森林と環境-森林立地論-，北海道造林振興協会．
[38] 小池孝良，1991，森林総研北海道支所・研究レポート，**25**, 1-8.
[39] Wayne, P.M. and Bazzaz, F.A., 1993, *Ecology*, **74**, 1500-1515.
[40] 豊岡　洪他，1985，北方林業，**37**, 229-232.
[41] 稲田勝美，1984，光環境と植物，養賢堂．
[42] 佐々木恵彦・畑野健一，1987，樹木の生長と環境，養賢堂．
[43] Hagihara, A. et al., 1982, *J. Jpn. For. Soc.*, **64**, 220-228.
[44] 四手井綱英他，1974，ヒノキ林，地球社．
[45] Lei, T.T. et al., 1998, *J. Sustain. For.*, **6**, 35-55.
[46] 安藤　貴他，1994，造林学-基礎の理論と実践技術-，川島書店．
[47] 藤森隆郎，2013，間伐と目標林型，林業改良普及双書．
[48] Chazdon, R.L., 1988, *Adv. Ecol. Res.*, **18**, 1-63.
[49] Tomimatsu, H. and Tang, Y., 2012, *Oecologia*, **169**, 869-878.
[50] Koike, T. et al., 1997, *For Resour Env.* **35**, 9-25.
[51] 田中　格・松本陽介，2002，日本生態学会誌，**52**, 323-329.
[52] 佐藤孝夫，1995，北海道林業試験場研究報告，**32**, 1-54.
[53] Satoo, T., 1979, *Jpn. J. Ecol.*, **29**, 103-109.
[54] 速水　亨，2012，日本林業を立て直す，日本経済新聞出版社．
[55] 小池孝良，2016，樹木と環境（光と樹木），樹木医学研究，**20**, 47-53.

第5章

森 林 土 壌

要 点

(1) 森林土壌は，森林生態系の成立基盤であるとともに，森林生態系を構成する生物の働きによって醸成される．
(2) 土壌は，気候と母材，地形，生物，時間の五つの土壌生成因子の相互作用によって生成される．
(3) 母材の風化と物質の移動により土壌層位の分化が生じる過程を土壌生成作用といい，我が国の森林土壌の分類は，土壌生成作用の違いに基づいている．
(4) 土壌の土性や土壌構造，孔隙組成等，通気性や保水性，透水性等に関わる性質を物理性という．
(5) 土壌中の物質の量や可給性，保肥力等に関わる性質を化学性という．
(6) 土壌中での植物による養分吸収，リターとしての供給，有機物分解等に関わる生物の働きを生物性という．
(7) 土壌の物理性，化学性，生物性が好適な土壌が植物の生育に適した土壌である．

キーワード

土壌分類・生成，土壌の理化学性，土地生産力

5.1 森林の成立基盤としての森林土壌

樹木にとって土壌は，水や養分の供給源であり，樹体を支える根系が発達する場である．樹木の成長にとって好ましい土壌とは，物理性（理学性）と化学性，生物性に優れた土壌である．ここでいう物理性とは土壌の保水性や透水性，通気性，根の貫入抵抗等に関わる性質であり，化学性とは土壌溶液の酸性度や養分濃度等に関わる性質であり，生物性とは有機物の無機化に関わる土壌動物や微生物の組成や量，活性等に関わる性質をそれぞれいう．土壌については様々な定義があるが，アメリカ農務省の土壌分類では，「ある厚さを持って地表面を覆う固体（有機物と鉱物）と液体，気体で構成される自然物であり，物質の溶脱や集積，移動によって母材とは区別できる土層が発達しているか，もしくは自然環境下で植

物の生育を支える能力をもつもの」としている．土壌中での物質の移動には，植物による吸収や植物遺体としての供給，植物遺体の分解を担う土壌動物や微生物が関わっており，土壌が植物の成立基盤であるとともに，植物が土壌の醸成に深く関わっている．

5.2 土壌生成作用と土壌特性

泥炭土を除き，土壌は岩石（基岩）が風化したものが母材となって生成する．均質であった母材から，地表面に平行に性質の異なる土壌層位が発達することを土壌生成という．性質の異なる土壌層位の発達には，母材中の物質の移動集積が必要であり，物質の動態により土壌層位の分化が生じる過程を土壌生成作用という．生成される土壌の性質を決める土壌生成因子として，ドクチャエフは19世紀末に出版した『ロシアの黒土』で，母材と気候，地形，生物，時間の五つをあげている．土壌生成因子の違いによって異なった断面形態の土壌が生成されることから，逆に断面形態の特徴から土壌生成が行われた環境条件を明らかにすることができる．

母材の違いは，風化され易さや生成される土壌の化学性を規定する．主な母材となる岩石は，マグマが冷却固化した火成岩と水底で堆積固化した水成岩，火成岩や水成岩が圧力や熱を受けて融解し再結晶した変成岩に大別される．火成岩は，珪酸の含有率によって酸性岩，中性岩，塩基性岩，超塩基性岩に，産状によって火山岩，半深成岩，深成岩に区分される．カリウムやマグネシウム，カルシウム等のミネラルの含有率は，酸性岩で低く，超塩基性岩で高い．火山岩に比べ深成岩の結晶粒子は大きく，物理的風化抵抗性が低い．凝灰岩や石灰岩，チャート等火山噴出物や生物遺体に由来するものを除く大半の水成岩は，陸上での風化作用を受けた岩石や土壌が水底で再び固化したものであり，一般に火成岩に比べてミネラルに乏しい．構成粒子の大きさによって，礫岩や砂岩，泥岩等に分類され，生成年代が古いほど堅く風化抵抗性が大きい．

土壌母材がどのようにしてその場所に堆積したかを堆積様式という．堆積様式によって，尾根のように基岩がその場で風化して生成した母材から発達した土壌を残積土，斜面中腹のように土壌断面の上部は上方から移動してきた母材から，土壌断面の下部はその場の基岩に由来する母材から発達した土壌を匍行土，斜面下部の崖錐のように斜面上方から崩れて堆積した母材から発達した土壌を崩積土

と区分している（図5.1）．一般に，残積土は堅密であり，崩積土は孔隙に富む傾向にある．

気候と地形，生物は土壌中での物質の移動を規定する要因である．土壌の広い範囲から植物に吸収された養分は，落葉・落枝等として地表面に集積し，土壌動物や微生物の働きによって無機化され，降水が土壌中を流れる際に溶け込んで，土壌中を斜面の上方から下方へと移動する．地表面に平行な土層は，土壌断面での土壌水の動き（土壌水分環境）に伴う物質の移動によって形成される．土壌水分環境は，降水量と可能蒸発散量（気候），地下水位（地形）によって，図5.2のように降水量よりも可能蒸発散量が小さい洗滌型と，降水量に比べて可能蒸発散量が大きい非洗滌型と滲出型に分類される．我が国の土壌は，洗滌型土壌水分環境であり，土壌中の物質の系外への流亡が起きる．半乾燥地の塩類集積土壌は，滲出型土壌水分環境で生成される．

我が国の土壌で見られる主な土壌生成作用には以下のものがある．

(1) 粘土化作用（シアライト化作用）

一次鉱物が加水分解や塩基類の溶脱等の化学的風化を受けて，ケイ酸四面体層（Si層）とアルミナ八面体層（Al層）を基本構造とする結晶性の粘土鉱物が主に生成される作用．まず，2層のSi層と1層のAl層からなる2：1型粘土鉱物が生成され，1層のSi層と1層のAl層からなる1：1型粘土鉱物へと風化される．粘土鉱物は風化され，最終的には鉄・アルミニウムの酸化物となる．

(2) ポドゾル化作用

過湿・乾燥・低温等のために有機物分解が不良な条件下で，地表に厚く堆積し

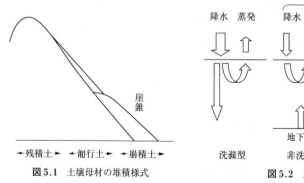

図5.1　土壌母材の堆積様式　　　　図5.2　土壌水分環境

朝倉書店〈農学関連書〉ご案内

食と微生物の事典
北本勝ひこ・春田 伸・丸山潤一・後藤慶一・尾花 望・斉藤勝晴 編
A5判 504頁 定価(本体10000円+税)(43121-6)

生き物として認識する遥か有史以前から，食材の加工や保存を通してヒトと関わってきた「微生物」について，近年の解析技術の大きな進展を踏まえ，最新の科学的知見を集めて「食」をテーマに解説した事典。発酵食品製造，機能性を付加する食品加工，食品の腐敗，ヒトの健康，食糧の生産などの視点から，200余のトピックについて読切形式で紹介する。〔内容〕日本と世界の発酵食品／微生物の利用／腐敗と制御／食と口腔・腸内微生物／農産・畜産・水産と微生物

ヨーグルトの事典
齋藤忠夫・伊藤裕之・岩附慧二・吉岡俊満編
B5判 440頁 定価(本体15000円+税)(43118-6)

ヨーグルト（発酵乳）は数千年前から利用されてきた最古の乳製品の一つであり，さらに数ある乳製品の中でも，今なお発展を続けているすぐれた食品である。本書はそのヨーグルトについて，企業や大学の第一線の研究者の執筆によって，総合的な知見を提供するものである。〔内容〕ヨーグルトの歴史と種類／ヨーグルトの基礎科学／ヨーグルトの製造方法／発酵に使用される乳酸菌とビフィズス菌の微生物学／生理機能と健康／ヨーグルトをめぐる新しい動き

植物ウイルス大事典
日比忠明・大木 理監修
B5判 944頁 定価(本体32000円+税)(42040-1)

現代の植物ウイルス学の発展は目覚ましく，主要な植物ウイルスはほぼすべてでゲノムの全塩基配列が明らかにされ，分子系統学的な分類体系が確立されている。本書はこうした状況を受け，わが国に発生する植物ウイルスについてまとめた待望の大事典である。第一線の研究者の編纂・執筆により，国際ウイルス分類委員会によるウイルス分類に基づいた最新の情報を盛り込んだ，実際の診断・同定はもとより今後のウイルス研究の発展のために必須の知識を得られる基礎資料。

生物・農学系のための統計学 ―大学での基礎学修から研究論文まで―
平田昌彦 編著 宇田津徹朗・河原 聡・榊原啓之 著
A5判 228頁 定価(本体3600円+税)(12223-7)

大学の講義での学修から，研究論文まで使える統計学テキスト。〔内容〕調査の方法／変数の種類・尺度／データ分布／確率分布／推定・検定／相関・単回帰／非正規変量／実験計画法／ノンパラメトリック手法／多変量解析／各種練習問題

シリーズ〈地域環境工学〉 地域環境水利学
渡邉紹裕・堀野治彦・中村公人 編著
A5判 216頁 定価(本体3500円+税)(44502-2)

灌漑排水技術の基礎や地域環境・生態系との関わりを解説した教科書。〔内容〕食料生産と水利／水資源計画／水田・畑地灌漑／農地排水／農業水利システムの基礎・多面的機能／水質環境の管理／水利生態系保全／農業水利と地球環境

シリーズ〈地域環境工学〉 地域環境水文学
田中丸治哉・大槻恭一・近森秀高・諸泉利嗣著
A5判 224頁 定価(本体3700円+税)(44501-5)

水文学の基礎を学べるテキスト。実際に現場で用いる手法についても，原理と使い方を丁寧に解説した。〔内容〕水循環と水収支／降水（過程・分布・観測等）／蒸発散／地表水（流域・浸入・流量観測等）／土壌水と地下水／流出解析／付録

自然セラピーの科学 ―予防医学的効果の検証と解明―
宮崎良文編
A5判 232頁 定価(本体4000円+税)(64044-1)

民間療法的な色彩の濃かった自然セラピーに実際にどのような生理的効果があるかを科学的に検証し，「データに基づいた自然利用」を推進する解説書。〔目次〕自然セラピーの概念と目的／ストレス状態測定法／個人差と生体調整効果／他

食物と健康の科学シリーズ
食品の科学，栄養，そして健康機能を知る

食物と健康の科学シリーズ 漬物の機能と科学
前田安彦・宮尾茂雄編
A5判 180頁 定価（本体3600円+税）（43545-0）

古代から人類とともにあった発酵食品「漬物」について，歴史，栄養学，健康機能などさまざまな側面から解説。〔内容〕漬物の歴史／漬物用資材／漬物の健康科学／野菜の風味主体の漬物（新漬）／調味料の風味主体の漬物（古漬）／他

食物と健康の科学シリーズ 小麦の機能と科学
長尾精一著
A5判 192頁 定価（本体3600円+税）（43547-4）

人類にとって最も重要な穀物である小麦について，様々な角度から解説。〔内容〕小麦とその活用の歴史／植物としての小麦／小麦粒主要成分の科学／製粉の方法と工程／小麦粉と製粉製品／品質評価／生地の性状と機能／小麦粉の加工

食物と健康の科学シリーズ 干物の機能と科学
滝口明秀・川﨑賢一編
A5判 200頁 定価（本体3500円+税）（43548-1）

水産食品を保存する最古の方法の一つであり，わが国で古くから食べられてきた「干物」について，歴史，栄養学，健康機能などさまざまな側面から解説。〔内容〕干物の歴史／干物の原料／干物の栄養学／干物の乾燥法／干物の貯蔵／干物各論／他

食物と健康の科学シリーズ ゴマの機能と科学
並木満夫・福田靖子・田代 亨編
A5判 224頁 定価（本体3700円+税）（43546-7）

数多くの健康機能が解明され「活力ある長寿」の鍵とされるゴマについて，歴史，栽培，栄養学，健康機能などさまざまな側面から解説。〔内容〕ゴマの起源と歴史／ゴマの遺伝資源と形態学／ゴマリグナンの科学／ゴマのおいしさの科学／他

食物と健康の科学シリーズ 肉の機能と科学
松石昌典・西邑隆徳・山本克博編
A5判 228頁 定価（本体3800円+税）（43550-4）

食肉および食肉製品のおいしさ，栄養，健康機能，安全性について最新の知見を元に解説。〔内容〕日本の肉食の文化史／家畜から食肉になるまで／食肉の品質評価／食肉の構造と成分／熟成によるおいしさの発現／食肉の栄養生理機能／他

食物と健康の科学シリーズ 魚介の科学
阿部宏喜編
A5判 224頁 定価（本体3800円+税）（43551-1）

海に囲まれた日本で古くから食生活に利用されてきた魚介類。その歴史・現状・栄養・健康機能・安全性などを多面的に解説。〔内容〕魚食の歴史と文化／魚介類の栄養の化学／魚介類の環境馴化とおいしさ／魚介類の利用加工／アレルギー／他

食物と健康の科学シリーズ 油脂の科学
戸谷洋一郎・原 節子編
A5判 208頁 定価（本体3500円+税）（43552-8）

もっとも基本的な栄養成分の一つであり，人類が古くから利用してきた「あぶら」についての多面的な解説。〔内容〕油脂とは／油脂の化学構造と物性／油脂の消化と吸収／必須脂肪酸／調理における油脂の役割／原料と搾油／品質管理／他

食物と健康の科学シリーズ 乳の科学
上野川修一編
A5判 224頁 定価（本体3600円+税）（43553-5）

高栄養価かつ様々な健康機能をもつ牛乳と乳製品について，成分・構造・製造技術など様々な側面から解説。〔内容〕乳利用の歴史／牛乳中のたんぱく質・脂質・糖質の組成とその構造／牛乳と乳飲料／発酵乳食品／抗骨粗鬆作用／整調作用／ほか

食物と健康の科学シリーズ チョコレートの科学
大澤俊彦ほか著
A5判 164頁 定価（本体3200円+税）（43549-8）

世界中の人々を魅了するお菓子の王様，チョコレートについて最新の知見をもとにさまざまな側面から解説。〔内容〕チョコレートの歴史／カカオマスの製造／テオブロミンの機能／カカオポリフェノールの機能性／乳化チョコレート／他

食物と健康の科学シリーズ だしの科学
的場輝佳・外内尚人 編
A5判 208頁 定価（本体3500円+税）（43554-2）

日本の食文化の基本となる「だし」そして「旨味」について，文化・食品学・栄養学など様々な側面から解説。〔内容〕和食とだし／うま味の発見／味の成分／香りの成分／だしの取り方／肥満・減塩のメカニズム／だしの生理学／社会学／他

シリーズ〈家畜の科学〉 完結

人間社会に最も身近な動物＝家畜を様々な側面から解説

シリーズ〈家畜の科学〉1　ウシの科学
広岡博之 編
A5判　248頁　定価（本体4200円+税）（45501-4）

古代から人類と関わってきた動物であるウシを動物学・畜産学・獣医学・食品学などさまざまな分野から総合的に解説。ウシの全体像を一冊で理解できる解説書。〔内容〕ウシの起源と改良の歴史／世界と日本のウシの生産／乳生産／肉生産／他

シリーズ〈家畜の科学〉2　ブタの科学
鈴木啓一 編
A5判　208頁　定価（本体4000円+税）（45502-1）

世界で8億頭が飼育されているブタをさまざまな分野から総合的に解説。〔内容〕ブタの起源と改良の歴史／世界と日本のブタの生産システム／ブタの栄養／ブタの飼料／ブタ肉生産、枝肉規格、肉質／ブタの育種改良／糞尿処理と環境問題／他

シリーズ〈家畜の科学〉3　ヤギの科学
中西良孝 編
A5判　228頁　定価（本体3800円+税）（45503-8）

最古の家畜の一つであり、近年その価値が見直されつつあるヤギをさまざまな分野から総合的に解説。〔内容〕ヤギの起源と品種／世界と日本のヤギの生産システム／除草家畜としての利用／乳生産／肉生産／毛・皮生産／育種と改良／他

シリーズ〈家畜の科学〉4　ニワトリの科学
古瀬充宏 編
A5判　212頁　定価（本体4000円+税）（45504-5）

世界中で飼われている代表的な家禽・ニワトリをさまざまな分野から総合的に解説。〔目次〕ニワトリの起源と改良の歴史／日本のニワトリの生産システムの特徴／肉用鶏／採卵鶏／ニワトリの栄養／飼料／繁殖／ストレス対応／キメラ／他

シリーズ〈家畜の科学〉5　ヒツジの科学
田中智夫 編
A5判　200頁　定価（本体3800円+税）（45505-2）

一万年以上前から人類と共にあり、羊毛・肉・乳など多面的な利用がなされてきた家畜・ヒツジをさまざまな分野から総合的に解説。〔目次〕ヒツジの起源と改良の歴史／日本のヒツジ生産／ヒツジの栄養／ラム肉生産／ヒツジの多面的利用／他

シリーズ〈家畜の科学〉6　ウマの科学
近藤誠司 編
A5判　232頁　定価（本体3800円+税）（45506-9）

役畜であり肉畜であり乗騎でもある、家畜の中でも最も多様なあり方で人類と共にいたウマをさまざまな分野から総合的に解説。〔目次〕ウマの起源／競走馬の生産システム／ウマの消化の特徴／ウマの行動の特徴／野生化したウマたち／他

作物栽培大系6　イモ類の栽培と利用
日本作物学会「作物栽培大系」編集委員会 監修　岩間和人 編
A5判　260頁　定価（本体4600円+税）（41506-3）

地下で育つため気象変動に強く、栄養体を用いた繁殖も容易なイモ類は、古来から主食として、また救荒作物として重用されてきた。本巻ではその栽培について体系的に解説する。〔内容〕バレイショ／サツマイモ／サトイモ／ヤマイモ／ほか

作物栽培大系7　工芸作物の栽培と利用
日本作物学会「作物栽培大系」編集委員会 監修　巽 二郎 編
A5判　272頁　定価（本体4800円+税）（41507-0）

人類はきわめて多様な植物を、食用としてだけでなく生活を支える資材を得るため栽培してきた。本巻ではそうした工芸作物の栽培について体系的に解説する。〔内容〕繊維作物／油料作物／糖料作物／嗜好作物／薬用・染料作物／香辛料作物

作物栽培大系8　飼料・緑肥作物の栽培と利用
日本作物学会「作物栽培大系」編集委員会 監修　大門弘幸・奥村健治 編
A5判　248頁　定価（本体4500円+税）（41508-7）

現代農業は化学肥料や輸入飼料など生産地外からもたらされる資源に依存しており、それがさまざまな問題を招いている。土地本来の豊かな力を引き出すイネ科やマメ科の牧草など飼料作物・緑肥作物の活用は、未来の農業の鍵となるだろう。

食と味嗅覚の人間科学　食行動の科学 —「食べる」を読みとく—
今田純雄・和田有史 編
A5判　244頁　定価（本体4200円+税）（10667-1）

「人はなぜ食べるか」を根底のテーマとし、食行動科学の基礎から生涯発達、予防医学や消費者行動予測等の応用までを取り上げる〔内容〕食と知覚／社会的認知／高齢者の食／欲求と食行動／生物性と文化性／官能評価／栄養教育／ビッグデータ

小動物ハンドブック ―イヌとネコの医療必携― (普及版)
高橋英司編
A5判 352頁 定価(本体5800円+税) (46030-8)

獣医学を学ぶ学生にとって必要な,小動物の基礎から臨床までの重要事項をコンパクトにまとめたハンドブック。獣医師国家試験ガイドラインに完全準拠の内容構成で,要点整理にも最適。〔内容〕動物福祉と獣医倫理/特性と飼育・管理/感染症/器官系の構造・機能と疾患(呼吸器系/循環器系/消化器系/泌尿器系/生殖器系/運動器系/神経系/感覚器/血液・造血器系/内分泌・代謝系/皮膚・乳腺/生殖障害と新生子の疾患/先天異常と遺伝性疾患)

動物遺伝育種学
祝前博明・国枝哲夫・野村哲郎・万年英之編著
A5判 216頁 定価(本体3400円+税) (45030-9)

農学・生命科学における動物遺伝育種を,統計遺伝学・分子遺伝学の両面から解説した教科書。〔内容〕動物の育種とは/質的・量的形質と遺伝/遺伝子と機能/集団の遺伝的構成と変化/選抜・交配・交雑/ゲノム育種/遺伝的管理と保全/他

動物園学入門
村田浩一・原久美子・成島悦雄編
B5判 216頁 定価(本体3900円+税) (46034-6)

動物園は現在,動物生態の研究・普及の拠点として社会における重要性を増しつつある。日本の動物園の歴史,意義と機能,動物園動物の捕獲・飼育・行動生態・繁殖・福祉などについて総合的に説き起こし,「動物園学」の確立を目指す一冊。

獣医学教育モデル・コア・カリキュラム準拠 獣医遺伝育種学
国枝哲夫・今川和彦・鈴木勝士編
B5判 176頁 定価(本体3800円+税) (46033-9)

遺伝性疾患まで解説した獣医遺伝育種学の初のスタンダードテキスト。〔内容〕遺伝様式の基礎/質的形質の遺伝/遺伝的改良(量的形質と遺伝)/応用分子遺伝学/畜産動物・伴侶動物の品種と遺伝的多様性/遺伝性疾患の概論・各論

獣医学教育モデル・コア・カリキュラム準拠 実験動物学
久和茂編
B5判 200頁 定価(本体4800円+税) (46031-5)

実験動物学のスタンダード・テキスト。獣医学教育のコア・カリキュラムにも対応。〔内容〕動物実験の倫理と関連法規/実験のデザイン/基本手技/遺伝・育種/繁殖/飼育管理/各動物の特性/微生物と感染病/モデル動物/発生工学/他

動物微生物学
明石博臣・木内明夫・原澤亮・本多英一編
B5判 328頁 定価(本体8800円+税) (46028-5)

獣医・畜産系の微生物学テキストの決定版。基礎的な事項から最新の知見まで,平易かつ丁寧に解説。〔内容〕総論(細菌/リケッチア/クラミジア/マイコプラズマ/真菌/ウイルス/感染と免疫/化学療法/環境衛生/他),各論(科・属)

改訂 獣医生化学
横田博・木村和弘・志水泰武編
B5判 272頁 定価(本体8000円+税) (46035-3)

独自の内容を盛り込み一層ブラッシュアップした,獣医生化学の「学びやすく」「読んでみたくなる」テキスト。豊富な図表で最新の知見を詳細に解説。〔内容〕水と電解質/代謝の概観と酵素/代謝の臓器分担と相関/ホルモンの基本生化学/他

動物臨床繁殖学
小笠晃・金田義宏・百目鬼郁男監修
B5判 384頁 定価(本体12000円+税) (46032-2)

定評のある教科書の最新版。〔内容〕生殖器の構造・機能と生殖子/生殖機能のホルモン支配/性成熟と発情周期/各動物の発情周期/人工授精/繁殖の人為的支配/胚移植/授精から分娩まで/繁殖障害/妊娠期・分娩時・分娩終了後の異常

哺乳動物の発生工学
佐藤英明・河野友宏・内藤邦彦・小倉淳郎編著
A5判 212頁 定価(本体3400円+税) (45029-3)

近年発展の著しい,家畜・実験動物の発生工学を学ぶテキスト。〔内容〕発生工学の基礎/エピジェネティクス/IVGMFC/全胚培養/凍結保存/単為発生/産み分け/顕微授精/トランスジェニック動物/ES, iPS細胞/ノックアウト動物ほか

野生動物管理のための 狩猟学
梶光一・伊吾田宏正・鈴木正嗣編
A5判 164頁 定価(本体3200円+税) (45028-6)

野生動物管理の手法としての「狩猟」を見直し,その技術を生態学の側面からとらえ直す,「科学としての狩猟」の書。〔内容〕狩猟の起源/日本の狩猟管理/専門的捕獲技術者の必要性/将来に向けた人材育成/持続的狩猟と生物多様性の保全/他

ISBNは978-4-254-を省略

(表示価格は2017年5月現在)

朝倉書店
〒162-8707 東京都新宿区新小川町6-29
電話 直通(03) 3260-7631 FAX(03) 3260-0180
http://www.asakura.co.jp   eigyo@asakura.co.jp

た有機物層でフルボ酸等の有機酸の生成が進行し，それらの有機酸によって表層土壌の粘土鉱物が破壊され，鉄やアルミニウム等が溶脱し，遊離酸化物として下層に移動集積する作用．乾燥しがちな尾根での鉄等の下層への移動には，春の雪解け水の寄与が指摘されている．

(3) グライ化作用

地下水の滞留によって強い還元状態になった下層土で，鉄やマンガン等が還元・溶脱され，灰白色や青灰色の土層（グライ層）が形成される作用．

(4) 泥炭集積作用

沼や湖等の湿地において，水面下の嫌気的な環境で堆積した植物遺体が，時間の経過に伴って，生化学的な分解作用を受けて炭化し泥炭が生成する作用．

(5) ラテライト化作用（アリット化作用）

高温多湿な気候条件下での珪酸塩鉱物の風化分解の進行によって，石英以外に含まれる珪酸が土壌系外に流亡し，鉄やアルミニウムが残留富化する作用．

我が国の土壌では顕著ではない土壌生成作用には次のようなものがある．

(6) 塩類集積作用

滲出型土壌水分条件で，地下水に含まれるナトリウム塩やカルシウム塩が土壌表層や地表に析出し集積する作用．

(7) 粘土の移動集積作用

土壌表層に含まれている分散性の高い粘土が，浸透水に懸濁して次表層に運搬され，そこの土壌構造の表面や孔隙内に沈殿・集積する作用．

土壌断面の形態的特徴は，土壌の層位区分に基づいて記載される．我が国の森林土壌での層位区分は図5.3のようになされる．

Ao層：地表面の堆積有機物層．以下のL，F，H層に細区分される．

L層：ほとんど分解されていない新鮮な植物遺体（落葉・落枝）の層．

F層：植物組織が認められる程度に粉砕と分解を受けた有機物の層．

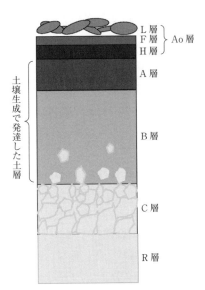

図5.3　土壌断面形態

H層：植物組織が認められないほど粉砕と分解を受けた有機物の層．

　堆積様式は，各層の発達程度によって，ムル型（L層のみ），モーダー型（LとF層），モル型（L, F, H層）に分類される．発達しているほど有機物分解に関わる微生物の生育にとって不適な環境を指標する．

A層：鉱質土層（無機質土層）の最表層で，鉄等の物質の溶脱が見られ，腐植の集積によって暗色を呈する鉱質土層

B層：腐植の集積が少なく，酸化鉄等の集積によって褐色を呈する鉱質土層

C層：母材層．物質の移動を伴う土壌生成作用を受けておらず，基岩（R層）が物理的風化作用によって細粒化された層．

R層：基岩層．

　各層位は，土色や土壌構造，堅さ，根の分布等によって層内の分化が認められる場合には，A1，A2，B1，B2等のように細区分される．

　我が国の森林土壌は，林野土壌分類（1975）[1]によって分類されており，土壌生成作用によって形成される土壌断面形態（土壌生成作用を標徴する層位の土壌断面における配列）を現場で観察することによって分類命名が可能な分類体系である．土壌群-土壌亜群-土壌型-土壌亜型という構造になっている．土壌群は主たる土壌生成作用の違いによって，土壌亜群は土壌断面形態に表れている他の土壌生成作用の影響の違いによって，土壌型は土壌水分状態や土壌生成作用の強さによる土壌断面形態の違いによって，土壌亜型は性状の変異が広い土壌型について土壌水分状態による土壌断面形態の違いによって，それぞれ区分されている．母材や土性，母材の堆積様式等は土壌分類の直接的な基準にはなっていないため，同じ分類名の土壌でも理化学性が大きく異なる場合がある．一方，国際的に広く用いられているアメリカ農務省の土壌分類体系[2]では，有機態炭素含量や塩基飽和度等の化学分析値や，二次鉱物組成，年平均土壌温度，粘土被膜等，客観的な測定や観察が可能な土壌自身の性質に基づいて分類命名されている．日本の林野土壌分類における土壌群は以下の通りである．

(1) ポドゾル群

　ポドゾル化作用によって生成された土壌で，乾性ポドゾルと湿性鉄型ポドゾル，湿性腐植型ポドゾルの亜群からなる．溶脱層の発達程度によって，3つの土壌型に分類される．微生物の活性が低くAo層が厚く堆積する環境条件（低温，乾燥，過湿）を満たす温帯上部から亜高山帯の尾根や準平原面等に分布し，分布面積は森林面積の4%である．

(2) 褐色森林土群

多雨気候下の温帯から暖帯の山地帯にかけて分布する．ポドゾル化作用やラテライト化作用等の特定の土壌生成作用の働きが顕著に認められない土壌である．B層の土色や表層グライの有無によって，五つの亜群に分類される．亜群は，土壌の乾湿状態によって六つの土壌型と一つの土壌亜型に分類され，それぞれ特徴的な断面形態や土壌構造が発達する（表5.1）．酸性ないし弱酸性の土壌で，(Ao)-A-B-C層から構成される．もっとも分布面積の広い土壌群であり，森林面積の70%を占める．

(3) 赤・黄色土群

古期の温暖期（洪積世の間氷期）に，ラテライト化作用によって生成された土壌が現在まで保存されている古土壌であり，様々な地域に斑状に出現する．淡色のA層を持ち，赤褐色ないし明赤褐色，あるいは明黄褐色のB層およびC層を有する．一般に酸性の強い場合が多い．

(4) 黒色土群

火山山麓，丘陵，平野の台地部，段丘，準平原等の安定地形で，火山灰に覆われている地域に，北海道から九州まで広範囲に出現する．火山灰由来のものが一般的であるが，非火山灰性のものも知られている．厚い黒色のA層を持ち，A層からB層への推移が明瞭である．火山性の黒色土では，火山灰の噴出起源によって酸性のものから塩基性のものまである．火山性の場合には，火山ガラス由来の非晶質の二次鉱物であるアロフェンを大量に含みリン酸吸収係数が大きいので，リン酸吸収係数によって火山性かどうかの判断をする．分布面積は森林面積の13%である．

(5) 暗赤色土群

石灰岩や超塩基性岩，塩基性岩を母材とする地域で見られる下層が暗赤色を呈する土壌や，火山活動に伴う熱水作用によって生成した土壌や非塩基性岩を母材とする土壌で，同様な断面形態をもつ土壌を一括して暫定的に暗赤色土としている．生成過程については十分には明らかにされていない．

(6) グライ土壌群

地下水や季節的な停滞水の影響を受けて生成された灰白色〜青灰色のグライ層を深さ1m以内に有する土壌．地下水位の季節的な変動に伴って斑鉄が生じる．

(7) 泥炭土群

沼泥地等のように常に湛水する条件下にあって，湿原群落の植物の遺体の分解

表5.1 褐色森林土の土壌型・亜型の土壌断面形態の特徴

土壌型・亜型	土壌構造	Ao層	A層	B層	その他
B_A（乾性褐色森林土（細粒状構造型））	A層およびB層のかなり深部まで細粒状構造が発達する	あまり厚くない．F層もしくはF-H層が常に発達するがH層の発達は顕著ではない	黒色のA層は一般に薄く，B層との境界はかなり明瞭である	色調は淡い	菌糸束に富み，極端な場合は菌糸網層（M層）を形成することがある
B_B（乾性褐色森林土（粒状・堅果状構造型））	A層に粒状構造が発達する．B層上部に粒状構造または堅果状構造が発達し，下部に粒状または微細な堅果状構造が発達する	厚いF層と，H層が発達する	黒色の薄いA層またはH-A層が形成され，B層との境界は判然としている	色は一般に明るい	菌糸束に富むが，菌糸網層を形成することはほとんどない
B_C（弱乾性褐色森林土）	A層下部およびB層上部に堅果状構造がよく発達する	F，H層は特別には発達しない	腐植は比較的深くまで浸透しているが，色は淡い		B層にしばしば菌糸束が認められる
B_D（適潤性褐色森林土）	A層上部に団粒状構造が発達し，A層下部からB層上部に塊状構造が見られる	F，H層はとくに発達しない	比較的厚く，腐植に富み，暗褐色を呈する．B層への推移は一般に漸変的である	褐色	
B_E（弱湿性褐色森林土）	A層に団粒状構造が発達する	発達しない	腐植に富み，はなはだ厚い．B層への推移は漸変的である	やや暗灰色を帯びた褐色	
B_F（湿性褐色森林土）	A層の団粒状構造の発達は弱く，B層は緻密である（壁状構造（無構造））	厚くないが，黒色脂肪状のH層が形成される場合が多い	腐植に富む	腐植の浸透が少なく，青みを帯びた灰褐色	しばしば斑鉄を認めるが，グライ層は1m以内の土層には認めない
$B_D(d)$（適潤性褐色森林土（偏乾亜型））	A層上部に粒状構造，あるいは下部に堅果状構造が生じるなど，B_Dに比べて若干乾性の特徴を示す	F，H層はとくに発達しない（B_Dとほぼ同じ）	比較的厚く，腐植に富み，暗褐色を呈する．B層への推移は一般に漸変的である（B_Dとほぼ同じ）	褐色（B_Dとほぼ同じ）	

が進まずに堆積して炭化することによって生成した有機質の土壌である．

(8) 未熟土

　生成時間の短さや侵食によって土層の発達が不十分な土壌で，受蝕土と未熟土に分類される．A層やB層を欠く，もしくは未発達な土壌断面形態を示す．

5.3 土壌の物理的性質

　土壌の水分状態や粒径組成（土性），土壌構造，三相組成，孔隙組成等，通気性や透水性，保水性等を規定する土壌の性質を物理的性質（物理性もしくは理学性）という．土壌動物・微生物の活性や根系発達への影響等を通して，樹木の成長を左右する土壌特性である．

　水分状態：土壌の水分状態は，土壌の水を保持する力として水ポテンシャル（マイナス値，単位：パスカル Pa）で表される．従来は，水ポテンシャルに相当する水柱の高さ（cm）を対数表示した pF 値で表されることが多かった．植物が利用可能な土壌水分は，土壌孔隙に毛管力や吸着力によって保持されている土壌水（有効水）であり，小さな孔隙ほど強い力で水を保持している．土壌中には様々な大きさの孔隙が存在し，土壌が乾燥していく過程では，より弱い力で保持されている大きな孔隙の水から失われていく．有効水は土壌水の毛管連絡の有無で易有効水と難有効水に分けられ，毛管連絡がない状態では，根に接し植物に吸水された土壌へ周囲の土壌から水分が補給されにくくなる．

　植物の生育や土壌水の移動において重要な土壌水分状態を土壌恒数（図5.4）といい，土壌が飽水状態にあるときを飽和容水量，重力水の下方への移動がほぼ終わったときを圃場容水量，植物の萎凋し始めるときをシオレ点，再び給水しても回復しない萎凋状態に達するときを永久シオレ点という．

　三相組成：土壌中の固相（細土，礫，

pF 価	Φ（MPa）	土壌水の分類			水分恒数等
0	−0.0001				最大容水量
1	−0.001	重力水			
1.8	−0.006		易有効水	有効水	圃場容水量
2	−0.01	毛管水			
2.7	−0.05				毛管連絡切断点
3	−0.1		難有効水		
3.8	−0.63				初期シオレ点
4	−1				
4.2	−1.6				永久シオレ点
4.5	−3.2	膨潤水			吸湿係数
5	−10				
5.5	−32				風乾
6	−100	吸湿水			
7	−1000				105℃炉乾
8		化合水			

図5.4 水分恒数

表5.2 土壌構造の分類

形状	ペッドの大きさ	基準	出現する土壌条件
粒状			
細粒状構造		微粒状ないし紛状の粒子が菌糸束でつづられた状態のもの	非常に乾きやすい土壌
粒状構造	10 mm 以下	比較的小型で丸みのある形状で堅く緻密なもの	乾きやすい土壌
団粒状構造	5 mm 以下	小型の球状で,多孔質で水分に富み膨軟なもの	湿潤な表層土壌
塊状			
角塊状構造	50 mm 以下	角張った形状で,比較的緻密な堅いもの.堅果状構造ともいう	乾湿が繰り返される埴質な土壌
亜角塊状構造	100 mm 以下	丸みのある形状で,比較的大型であまり緻密でないもの	乾湿に偏しない土壌の下層土
無構造			
単粒状構造		砂丘の砂のように各粒子がばらばらの状態にあるもの	
壁状構造		土層全体が緻密に凝集し,構造の発達が認められないもの	常時湿潤な土壌の下層土

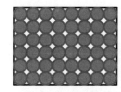 

図 5.5 土壌構造の大きさと孔隙の大きさ

根)と液相(土壌水),気相(空気)の容積比率.表層土より下層土の方が固相率が大きく,気相率が小さい.固相率は,黒色土に比べ褐色森林土の方がやや大きい.

孔隙組成:一般には,-0.05 MPa より弱い力で水を保持する孔隙を粗孔隙,それより強い力で水を保持する孔隙を細孔隙として区分し,総孔隙量や総孔隙に占める粗孔隙と細孔隙の割合を孔隙組成という.透水速度は,総孔隙率よりも粗孔隙率と相関が高い.

土壌構造:土壌粒子の集合体(ペッド)のことをいい,大きさや形,固さによって分類される(表5.2).土壌構造の発達によって大きな孔隙が形成される(図5.5).土壌構造は,乾燥と湿潤の繰り返し,植物根や土壌動物等の作用によって形成されるため,土壌の生成環境をよく反映する.乾燥した土壌条件では,細粒状構造や粒状構造,堅果状構造等の固い土壌構造が,湿潤な土壌条件では団粒状構造や塊状構造等の軟らかい土壌構造がそれぞれ形成される.

土性:鉱質粒子は,粒径によって礫(直径 2 mm 以上),砂($0.02 \sim 2$ mm),シ

ルト（0.002～0.02 mm），粘土（0.002 mm 未満）に区分され，粒径 2 mm 以下の細土における砂とシルト，粘土の含有率による区分を土性という．孔隙組成に大きな影響を与える土壌の性質である．

5.4 土壌の化学的性質

　土壌の反応（pH）や養分含有率，養分保持力等を土壌の化学的性質（化学性）という．土壌の無機養分は鉱物の風化と地表に供給される植物遺体の無機化によって供給される．

pH：土壌と純水を 1：2.5 の比率で混ぜて作製した懸濁液の pH を土壌の pH という．鉄やアルミニウム等は酸性で可溶性が高まり，リンは酸性で可溶性が低下する等，pH は土壌中の元素の可溶性に影響する．

陽イオン交換容量：粘土鉱物と腐植はマイナスに荷電（陰荷電）されており，陽イオンを電気的に吸着する能力を持っている．粘土鉱物の陰荷電は，一次鉱物から生成される際にケイ素（4価）やアルミニウム（3価）がそれらよりも価数の少ないアルミニウムやマグネシウム（2価）等に置き換わること（同形置換または同像置換）によって生じる永久陰荷電と粘土鉱物の破壊面に生じる pH 依存性陰荷電とがある．粘土鉱物の陽イオン交換容量は，陰荷電の大きさを反映して種類によって異なり，2：1型粘土鉱物であるモンモリロナイトやバーミキュライトで大きく，1：1型粘土鉱物のカオリナイトやハロサイトで小さい．

C/N 比：土壌窒素濃度に対する土壌炭素濃度の比であり，土壌有機物の分解の程度を示す指標である．着生葉の窒素含有率は 1～2% 程度（マメ科樹木では 4% 程度），炭素含有率は 50% 程度であるため，C/N 比は 25～50 程度である．落葉前に，葉中の窒素が樹体に回収されるため，新鮮落葉の C/N 比は 50～200 程度となる．地表における土壌動物や微生物による分解の過程では，炭素の多くは微生物等の呼吸によって消費されるため減少し，窒素は微生物の成長に使われ微生物の身体の構成成分となるために減少率が小さい．その結果，Ao 層の C/N 比は，分解が進んでいるほど小さくなる．鉱質土層の C/N 比が，微生物の身体の C/N 比である 10 に近いほど有機物の分解に適した環境条件にあるとされる．有機物の分解に関わる土壌動物や微生物の活動は，土壌の水分状態の影響を強く受ける．そのため褐色森林土の場合，湿潤な土壌水分条件にある土壌型ほど C/N 比が小さい傾向にある．

窒素の無機化：植物は，アンモニア態や硝酸態等の無機態窒素を吸収利用する．したがって，地表に供給された有機物の分解に伴って有機態窒素の無機化がどのように進むかが，土壌の窒素供給能の本質である．有機態窒素であるタンパク質やアミノ酸は，まずアンモニア態に分解され，さらに亜硝酸態，硝酸態へと変化する．一般に，尾根ではアンモニア態窒素が多く，沢筋では硝酸態窒素が多い傾向にある．アンモニア態窒素は陽イオンであるために，負に帯電した土壌粒子に保持されやすく，硝酸態窒素は陰イオンであるために流亡しやすい．

褐色森林土の土壌型と化学的性質：ばらつきは大きいものの，乾性の褐色森林土の方が，酸性度が強く（pHが低く），C/N比が大きく，塩基飽和度（陽イオン交換容量に対する交換性陽イオン（Na^+，K^+，Mg^{2+}，Ca^{2+}）の総量の百分率）が低い傾向がある．これは，乾燥地形では，有機物の分解が悪く，有機酸の生成量が多いこと，尾根等斜面上部にあり塩基類が流亡しやすいこと等が影響している．同じ土壌型の土壌でも，土壌母材の性質の違いによる化学性のばらつきが大きい．

5.5 土壌特性と林木の成長

　樹木の生育にとって好ましい土壌とは，物理性と化学性，生物性が好適な土壌である．土壌から養水分を吸収する根の生育には，呼吸をするための酸素が必要であり，土壌の高い通気性が必要である．樹木の生育には大量の水分が必要であり，高い保水性も求められる．広い範囲の土壌から養水分を吸収するためには，根が伸長可能な軟らかさの土層が厚く発達していることが好ましい．樹木の成長には，光合成によって生産される炭水化物だけではなく，必須元素とよばれる多数の元素を土壌から吸収する必要がある．土壌養分が，過剰も欠乏もしておらず，pHも酸性やアルカリ性に偏っておらず適正な範囲にあることも必要である．土壌養分の多くは，土壌有機物の無機化によって供給されることから，無機化に関わる微生物の活動が活発で，無機化された養分を土壌中に保持する能力が高いことも求められる． [丹下　健]

課　題

(1) 母材の違いが，土壌生成過程や生成される土壌の性質に与える影響について説明しなさい．

(2) 表層土壌のC/N比は，地位指数と相関がある等，林地の生産力の指標となること

が知られている．C/N 比がなぜ土壌の生産力の指標となるのか説明しなさい．
(3) 土壌の透水速度は，総孔隙量よりも粗孔隙量と相関が高い傾向にある．その理由について説明しなさい．
(4) 土壌の水ポテンシャルは，土壌の含水率の低下に伴って低下することを説明しなさい．

引用文献

[1] 林業試験場土じょう部，1976，林野土壌の分類 (1975)，林試研報：**280**, 1-28.
[2] Soil Survey Staff, 1999, *Soil Taxonomy : A basic system of soil classification for making and interpreting soil surveys*, USDA and NRCS.

第6章
樹木の成長と物理的環境

要点

- (1) 森林植生は地史，無機環境（温度，水，光，養分，CO_2 等）と樹木の機能から決まることを概観する．
- (2) 広域（マクロスケール）的〜局所（ミクロスケール）的な無機生産環境と植生分布および樹木の成長を概説する．
- (3) 広域分布種では，積雪や降水パターンによって地域変異があり，植生分布は個々の環境適応力と生物間相互作用によって影響を受ける．

キーワード

植生分布，成長周期，無機環境，樹木の構造と機能，低コスト造林

6.1 物理的環境と森林樹木の分布

ケッペン（Köppen）の「気候と植生図」に見られるように，植物の分布は温度と降水量によって規定されている．したがって森林樹木にとって多くの無機環境因子は成長のための資源と考えることができる．また，これらでは説明できない植物の応答を基礎に，ラウンケアは生活に不適な季節（冬や乾季）の過ごし方として，休眠芽の位置に注目し，生活型によって植生分布を考察した．なお，無機環境因子のうち温度は植物間での奪い合いのない非消費型資源であり，それ以外の環境因子は消費型資源である[1,2]．

温度以外では，この無機環境としての資源をめぐる競争が生じる．マクロスケールでは温度と水分が植生を決め，メソスケールとして斜面方位等の地形は樹種構成に影響を与える．高緯度のアラスカ，ロシア中央部，モンゴル等の森林の南向き斜面では，日射の作用によって地表面から凍土面までの深さである有効土層の厚さが異なり，それに応じた植生が見られる．極東ロシア北部の森林は"一つのアラスに一つのお墓"という伝統のもとで利用されてきた（図6.1）．しかし，最近，急激に伐採を進めており，永久凍土の存続も危ぶまれる状況になっている．

図 6.1 アラスと塩類化土壌地帯（松浦陽次郎氏提供）

東シベリア・ヤクーツク近郊での空中写真．右の白く見えるところは，地下から運ばれた塩類の集積を示す．降水量が 300 mm 程度なので洗い流されることがない．

なお，日本の中央山岳部で確認されたが，孤立峰に比べると大山塊では熱容量が大きいので，樹木限界がやや高標高に存在し，山塊現象とされる[3]．

群落レベルのようなミクロスケールでは光や養水分をめぐる競争が生じる．光をめぐる競争の原理は古典的ではあるが，第4章で述べたMonsi-Saekiの生産構造図によって説明できる（図4.1）．多くの広葉樹やヒノキは広葉型で枝が横に開いており，単位面積あたりの成立本数は少ない．一方，枝が立っているイネ科型の植物は単位面積あたりの生産力が高い．

なお，植生分布は，欧州で典型的であるが，無機環境だけではなく氷河期の作用のような地史的影響，欧州中部のヨーロッパトウヒ林や北海道のカラマツ林に見られるような植林による人為改変による影響があることは指摘せねばならない（第8章参照）．以下は各環境要因の特徴を詳細に見ていく．

6.2 温度と植生分布

6.2.1 温量指数

日本列島はモンスーン（季節という意味のアラビア語）アジアに位置するため，十分な降水量がある．そこで植生は温度によって決まるという考えから，積算温度の一種である温量示（指）数（warmth index：WI）が採用された（数学の指数と区別するため，もともとは「示」を使っていた）．WIは月平均気温のうち5℃以上の月を取り上げ，その月の平均気温より5℃差し引いた温度の年積算値で，

$$\mathrm{WI} = \Sigma(t-5) \quad [\text{℃月}]$$

である．ここで，tは5℃以上の月の平均気温を表す．なお，標高による補正は厳密には水蒸気圧によって変化するが，ここでは便宜的に0.6℃/100mとして行う．

同様に月平均気温のうち5℃以下の月を取り上げ，それらの月の平均気温から5℃を差し引いた温度の積算値を寒さの示（指）数（coldness index：CI）という．CIでは北海道全域で明瞭な境は見られないが，WIでは，亜寒帯と冷温帯と

の境ができる．これについて，温帯から亜寒帯への移行帯森林として針広混交林が位置付けられた[4]．なお，WI（℃月）による植生帯の区分は以下である．0〜15：ツンドラ，15〜45：亜寒帯，45〜85：冷温帯，85〜150：暖帯林（照葉樹林），150〜240：亜熱帯林，240〜：熱帯林．

　北海道南部の植生は東北地方と似ており，ブナ林が黒松内低地帯まで広がる．さらに北海道を分布の北限とする樹種としてはカツラがあり，南限とする樹種にはトドマツがある．北限は低温（0℃以上の低温については冷温）と給水が制限となることが多いが，南限を決める要因は特定がむずかしい．なお，それぞれの樹種で，分布限界付近の集団の遺伝的変異が小さいことも指摘しておく[5]．

　このように，分布域は現在の無機環境だけではなく氷河期のような地史の影響，生物間相互作用，資源利用特性等の適応機構との関連を考えなくてはならない．また，樹木の特徴である肥大成長の制御にも注目し，以下，事例を紹介する．

6.2.2　低温と冷温
a．影　響

　一般に氷点下の低温は多くの場合，水の挙動を介して樹木分布の制限になる[6]．これに対して冷温障害（chilling injury）とは熱帯起源の植物に見られ，5〜10℃付近の温度で生じる障害をいう[7]．この付近の温度は常緑針葉樹であるスギやヒノキの葉の展開と停止のシグナルにもなっている．これらは生育期間を通じて順次開葉し，幹の肥大成長も早春に始まり初秋に停止し，その結果として年輪が形成される．ヒノキでは鱗片葉の成長の停止は夜温7〜10℃で見られ[8]，形成層活動は15℃を境とする．

　冷温帯や亜寒帯では，幼木時には凍霜害が造林の成否を決めることがある．九州北部でもスギ造林地には凍霜害が見られる．とくに冷気が溜まりやすい窪地（冷気湖：cold air lake）や平坦地でも小面積皆伐跡に生育する植栽木も含むブナやヤチダモ等の稚樹が放射冷却による霜害に遭って枯死に至る[9,10]．これらの対策としてドイツ南部・平地林の小面積皆伐を行った場所では，冷気が流れ出る開口部を設けている．東北地域でのブナとミズナラの分布に関連して，ミズナラでは残存冬芽（ヤナギ類にも見られる予備的な冬芽で，遅霜等で若芽が枯死すると続いて開く芽）が開き，霜害に遭っても再度成長する[11]．

　北海道ではアカエゾマツは開葉が遅いため，トドマツでは晩霜害を受ける可能性のある場所に植えられる．しかし，アカエゾマツ造林地では壊滅的な晩霜害の

生じることがあり，その被害は深刻である[10]．本種では開芽時のわずか2日間，$-3 \sim -5$℃の低温が3〜4時間続くだけで旧葉が枯死脱落する．この際に光合成の酸素発生系（光化学系II部位の働き：光化学系I・光化学系IIとして，従来分けられてきたが，1つの超複合体であることが分かった[12]）が障害を受けると推察された[13]．このような現象は，葉自体が光合成産物の貯蔵器官として働く常緑樹では注意すべき特徴である．なお，トドマツでは低温によって枯死はしなくても，成長が著しく阻害されて盆栽のような形態を示す個体がある．

またトドマツでは，成林してからも北海道東部の寡雪地帯では低温被害が見られる[22]．冬季でも晴天日では蒸散が生じるが，土壌凍結が生じていると樹体は吸水できず，脱水が生じて枯死に至り，冬季乾燥害が成林を妨げることもある．もし土壌凍結がなければ，細胞内から水が出て細胞外凍結が生じることによって寒冷地での越冬が可能になる．しかし，東北地方から北関東，さらには九州北部でも植栽されたスギでも根元付近を中心に凍裂が見られる．傷跡は「ヘビサガリ」とよばれる[15]．凍裂の発生は，心材部の全域から領域の一部に集積した水分の凍結が原因である．これは，生細胞ではなく，死細胞の水分が関係する．また，細胞の種類としては，特定の細胞の水分が寄与するのではなく，心材部の多湿な組織内のどの細胞（心材形成の際に死んだ柔細胞等や仮道管）の水分も関与する[6]．

b．適応のメカニズム

ポプラ・ヤナギ類では冬季に向かって耐凍性が増す．これらの種では，さらに細胞外凍結によって-190℃の低温下でも生存していた[16]．ここでいう細胞外凍結とは，細胞内の水分が奪われ細胞内の溶質濃度が上昇すること（モル凝固点降下）によって，細胞内での凍結が生じにくくなることを意味する．細胞内で氷結が生じると細胞の死亡につながる．さらに，ポプラの形成層で確認されたが，生体膜を構成するリン脂質の脂肪酸の二重結合が増えて生体膜の流動性が維持されることによって細胞の生命活動が維持される．これは不飽和脂肪酸の方が飽和脂肪酸よりも凝固温度が低いことに関係し，遺伝子操作で耐凍性の高いシアノバクテリアを創出して確かめられた[17]．

熱帯起源とされる樹種ではプラス気温（5〜7℃付近）でも冷温傷害が生じる．これは生体膜を構成するリン脂質の脂肪酸で凝固温度の高い飽和脂肪酸が卓越し，生体膜の流動性が低下するからである[7]．事実，熱帯では多くの樹種のタネは低温で貯蔵することは難しく，フェノロジー（生物季節）の観測によってタネの採り播きが行われ，採種から育苗に貢献している．ただし，タイ等の熱帯落葉樹季

節林に分布する樹種には冷温耐性を備えた樹種があり，低温貯蔵が可能である．

なお，硬実種子を形成するマメ科の先駆的な樹種には休眠し，埋土種子として待機する種も存在する．また，典型的な先駆樹種であるオオバギ類（*Maccaranga sp.*）では埋土種子を形成し攪乱後の更新に備える．

c. 形成層活動の制御

形成層活動が日長だけではなく温度によっても規定されていることを明らかにするために，常緑のスギ，トドマツ，落葉のカラマツを対象とした研究が実施された[18]．休眠時期に幹の部分加温を行い，形成層帯の細胞の分裂の再開と木部での分化活動が確認された．低温によって形成層活動がどのように抑制されるかは種に固有で，落葉性と常緑性の違いの他に，形成層帯付近の貯蔵組織内の貯蔵デンプンが密接に関係していた[19]．

常緑性の温帯樹のスギでは，加温によって形成層帯細胞が活発に分裂し，形成層派生物（維管束形成層由来の細胞：形成層から分裂〜分化する細胞）が木部へと分化する．一方，常緑性の冷温帯樹のトドマツでは，細胞分裂は比較的活発であるが，形成層派生物の木部分化はほとんど起こらなかった．落葉樹のカラマツでは，細胞分裂が起こるものの，その活性は著しく低く木部分化はほとんど生じなかった．

それぞれの樹種について，休眠期に形成層帯付近の柔細胞内に貯蔵されているデンプンの挙動を調べたところ，貯蔵デンプンの量は気温が低下すると減少し，上昇すると増加する傾向を示した．休眠期の加温処理によって師部柔細胞内の貯蔵デンプンの量は，カラマツとスギでは増加し，トドマツでは減少することが確認された．

休眠期に加温した場合，柔細胞に貯蔵されているデンプンの量の変化は，再開した形成層活動による消費と光合成産物の供給のバランスによって決まる．休眠期の加温処理によって形成層活動が十分には再開しなかったトドマツとカラマツとについて，休眠状態にある幹を加温し，形成層活動の変化と貯蔵デンプンの動態を追跡した．その結果，トドマツでは旧葉の光合成産物の樹幹内における移動が抑制され，カラマツでは貯蔵デンプンの代謝が抑制されていることが分かった[17]．

このように針葉樹では，休眠期であっても形成層活動に必要な内部因子は既に条件が満たされている．しかし，冬期の低温によって活動が抑制され，春に気温が上昇するとシュートや針葉の成長開始とは無関係に形成層活動が再開する[18,19]．

これらの過程にはオーキシンをはじめ，植物ホルモンの作用が大きく関与している[19, 20]．

6.2.3 積　雪

いくつかの樹種ではツバキとユキツバキのように積雪に対応した種内変異が見られる．例えばスギは屋久島から青森に天然分布するが，このように広域に分布する樹種では，夏季に雨量の多い太平洋側と冬季に大量の降雪のある日本海側での地域変異が明確である．太平洋側の寡雪地帯では針葉が開いて着生するシュートを持ち，一方，日本海側の多雪地帯では針葉が閉じて着生し，雪を捕捉しにくい構造を持ち，伏条性があるため無性生殖（伏条更新）も行う．表・裏スギが典型的であるが，林業種苗法により表スギをはじめ，数種では太平洋側から日本海側への移動が制限されている．

ところで積雪が50 cm以上に達すると接地面は0℃以下にはならず，低温による被害を防ぐばかりではなく，気温が著しく低下する場所では土壌凍結による植物の吸水阻害も防ぐ．また，東北の蔵王では樹氷が内部の樹体を凍結から保護している．しかし，積雪下では暗色雪腐れ病（*Raccodium* sp.）が蔓延し，主に針葉樹のタネや稚樹は壊滅的な被害を受ける．

トドマツは北海道の主要造林種の一つであり，地域変異が確認されている[21]．多雪地帯の集団では冬芽の芽鱗が少なく，太平洋側の寡雪地帯では芽鱗数が多く冬季乾燥害を軽減できる形態を示す[22]．しかし，北海道十勝地方のトドマツ植栽木では，土壌凍結に伴う吸水阻害が晴天時の強風による萎凋枯死（寒風害：冬季乾燥害）を引き起こす．これは苗木の状態では顕著であるが，成林してからも枯死個体が見られる[14]．このため，地形や土壌状態等の立地を吟味して植栽場所を決める必要がある．

冷温帯の主要構成樹種のブナでは，個葉サイズが，多雪地帯の日本海側の個体では大きくて薄く，寡雪で開葉前にも乾燥する太平洋側では小さくて厚い乾燥形態を示す[23]．これらの地域はミトコンドリアゲノム多型の変異とほぼ一致していた[24]．個葉の大きさと厚さは開葉時期の土壌水分量に影響される例でもある[25]．積雪によって天然下種更新の阻害要因にもなるササ類の分布も規制され，寡雪地帯では小型で冬芽の位置が低いか，あるいは地中の深い位置の種が分布する．

常緑樹タブの北限を規定する要因に関して，日長と成長周期の関係[26]や，木部構造と水分通道からの解析が行われた[27]．通水速度の太い道管径を持つ広葉樹環

孔材種では，温度低下に伴ってエンボリズム（閉塞）が生じやすく，道管内の水の繋がりが切れて葉への水分供給が滞り，枯死することが明らかになった．このように分布の既定要因は無機環境とそれに適応した植物の構造と機能も考慮する必要がある．

主要広葉樹（ミズナラ，コナラ，ブナ，スダジイ，ウダイカンバ等）について地域変異の情報が充実してきた[28]．これに伴って苗木の移動等について遺伝子・種レベルの多様性を維持する施業法の基礎が構築されてきた[5]．さらに，保全の視点からは従来の林班単位の管理から MU（management unit：管理単位）や ESU（evolutional significant unit：進化学的に重要な単位）の考え方が検討されている[29]．

6.2.4 温度と光合成作用

最近，温暖化をはじめ異常気象によるとされる高温・乾燥障害に関連して，様々な研究が進められている[30]．パルプ材に関してもオーストラリアでの詳細な実験結果からは，気候変動によって木質資源の持続的な輸入が楽観視できないことが示されている．

冷温帯を構成する落葉広葉樹 12 種と針葉樹（トドマツ，アカエゾマツ，シラベ）の研究からは，光合成適温（光飽和での最大光合成速度が見られる温度）は約 15 〜 25℃ であった[31, 32]．（これらの測定値は測定時の空気湿度の制御が不十分であったために[33]，参考値である）．今後，深刻化が予想される高温障害に注目すると，適温を越え高温側での気孔閉鎖，呼吸上昇等が光合成生産で問題になる．気温が高いと大気の水蒸気圧飽差が大きく，夜間でも気孔閉鎖が不十分な樹種では蒸散によって水ストレスの回復が遅れるため，水利用効率の高い樹種の植栽や育成に心がける必要がある．なお，落葉の起源は熱帯地域における乾燥からの回避であることが古くから指摘されている[34]．

樹林地の管理上，移植時には幹枝を中心に保護布を巻いて養生する．これは樹皮部に存在する葉緑体が光合成を行なっているだけでなく，多くの抗菌物質が含まれているので，樹皮部の脱落を防ぐことは腐朽菌等への備えになり，傷口からの障害へ進展するのを回避するのに有効だからである．さらにサクラやカンバ類等の皮目が明瞭な樹種では，呼吸だけではなく皮目を通じた幹からの蒸発も生存に影響するからである．しかし，皮目の生理生態に関する研究は進んでいない[35]．

6.3 光

光には主に光合成作用に関連する役割と，冬芽形成や落葉時期等のシグナルの役目を担う光形態形成に関する役割がある．これらは光量子のエネルギー量と波長に作用の違いがある．林内光環境の特徴は第4章で述べた．ここでは，光応答について紹介する．

6.3.1 光合成応答

光合成有効放射束密度は380〜710 nmとされた．しかし，400 nm以下と700 nm以上の光量子収率が急激に低下することから，400〜700 nmと表示されることが多い[36,37]．光合成データを見るときに注意すべき点は，赤色のLED光源（約665 nm，光合成スペクトルのピーク）での測定値から推定された光量子収率は過大になることである．また，気孔の開空には青色光（390〜500 nm）が不可欠である．従来，緑色光では光合成はあまり行われていないと思われてきた[2]．しかし，以下の詳細な実験結果から，強光条件では光合成速度に貢献していることが実測された[36]．

ある一定の光強度の白色光に赤と緑の単色光を加えて測定された光合成速度の増加分を，光合成速度を測定する方法で得られた光合成速度の増分を，加えた単色光の光量子束密度（光の強さ）で割ることで，ある強さの白色光下における単色光の微分的量子収率を求めることができる[38]．この方法によって測定すると，ごく弱光では葉全体でよく吸収される赤色の微分的量子収率が高い．しかし，や

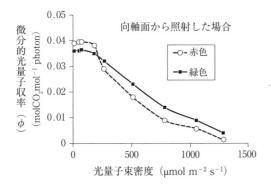

図6.2 赤色（668 nm）と緑色（550 nm）の微分的光量子収率の光強度依存性（寺島 (2010)[38]）
弱光域（左側）では赤色光の微分的光量子収率（φ）は大きいが，光量子束密度が増加すると緑色光のφが大きい．

や強い光の下では葉の内部まで到達できる緑色光の方が微分的量子収率は高かった．すなわち，強光下では赤色光よりも緑色光の方が光合成作用に貢献するのである（図6.2）．

6.3.2 光形態形成

街路灯や24時間営業の店のそばの街路樹では，夜間の長さが短くなって樹木の成長リズムが狂い，落葉も遅れる．一方，落葉しないでカシワ等と同じくマレッセント（葉が枯死した状態で枝に残る現象）のような状況もよく見られる．

北海道では，開拓以来，天然（生）林からの収穫が行われて来た．このため，天然下種更新に関連した光質への応答が調査された[7,39]．調べた樹種の約70%は発芽に赤色光を要求する光発芽種子であった．芽生えの成長調査にはセロファンやキセノンランプを利用した研究が行われた[36]．セロファンやキセノンランプを利用してつくられた異なる波長特性の光で芽生えを育てた結果，赤色域の光を除くと伸長成長は増加するが，乾物量は減少するという[39]．一方，熱帯のフタバガキの育苗時に紫外線（380 nm以下）を除去すると乾物量が増大することが見出された[7]．なお，遠赤色光を照射し続けると，アカナラでは休眠芽が形成されなかった．

6.4　水分・養分条件

ここでは光合成作用の基質としてのCO_2と養水分の影響を概観する．偏西風の風下に位置する我が国では，急速な経済発展を遂げる風上の国々の影響を受け続ける．例えば，窒素酸化物や対流圏（地表付近：0～11 kmとされる）オゾン（O_3）も深刻な環境変化をもたらすので[40]，ここで合わせて論じる．

6.4.1　水分：過湿と乾燥

水分環境としては乾燥と過湿の作用がある．地球環境変化が進展し，中高緯度では乾燥と多雨がさらに極端に出現するようになるという．中緯度の湿原で優占できるヤチダモやハンノキでは，幹の皮層に通気組織（エアレンチマ）を発達させ，地上部器官から地下部器官に酸素を送ることで滞水環境でも生育できる．なお，嫌気的な土壌条件で生成されるメタンがエアレンチマを通じて大気中に放出される．一方，北欧では排水を行うことで過湿な土壌条件に対する耐性の低いオ

ウシュウアカマツの生産力を向上させている[41]．地球温暖化からは，無視できない事例と考えられる．

　乾燥の影響については，現在，多くの国々でその影響評価が進んでいる．多くの研究では，雨遮断用の屋根を設け水分が根元へ供給されないようにして，その後の成長を調べている[29]．欧米に加えて，砂漠が国土の約18%を占めるオーストラリアでも乾燥の影響を調べている．半乾燥地も含め，塩類濃度の高い地下水の灌漑によって進む土壌の塩類化も世界的には深刻な問題である．乾燥に対して，個体の大きさに依存した樹体の保水能力に応じた反応がある．

6.4.2　養分：欠乏・過剰への応答

　低コスト造林が推進されコンテナ苗の導入が推奨されているが，育苗時に利用する肥料は，農業用を用いることが多い．しかし，リン鉱石は枯渇が指摘されている[42]ことから，例えば，北海道での主な造林樹種であるカラマツ類等の育苗には，培土中の難溶性リンの吸収を促進する共生菌類の利用も考慮する必要がある．この点は高CO_2とO_3環境とグイマツ雑種F_1との関連で後述する．

　窒素は肥料の中でもリンやカリウムと並んで，植物の成長を左右する．生育を支えるタンパク質やアミノ酸の原料であり植物の成長に不可欠である．しかし，多すぎても毒性がでる．一般に，生育初期から養水分が多いと，植物の根は十分に発達しない．肥料や水を与えすぎて育成された苗は，植栽後の成長が不良な場合が多く，フェーン現象時等に水分関係に障害ができて衰退が進むことがある．

　北海道へ降り注ぐ窒素沈着（かつては酸性降下物＝酸性雨とされ，硫黄酸化物も含まれた）の量は，2004年の報告では$3.5 kgN\ ha^{-1}\ 年^{-1}$であった．しかし，2011年の報告では$11.0 kgN\ ha^{-1}\ 年^{-1}$に急増し，とくに長期モニタリングの結果では，日本海側で積雪に溶け込んだ窒素沈着量が1990年代後半の約2倍量に達したことが示された[43]．ちなみに関東では，欧州で問題視された$50 kgN\ ha^{-1}\ 年^{-1}$を超えたという．森林域へ降り注ぐ窒素沈着は，一時的には肥料として働くであろう．しかし，北関東での調査の結果では，既に1990年頃には$25 kgN\ ha^{-1}\ 年^{-1}$に到達し，森林衰退を引き起こすとされる窒素飽和の状態であった[44]．

　窒素沈着量の増加は，森林などで吸収できる量を超え，温室効果ガスとしては質量あたりではCO_2の100～300倍の温室効果を持つ亜酸化窒素（一酸化二窒素，N_2O）の放出量を促進する可能性がある[45]．なお，日本の森林からは，平均すると$0.2 kg\ ha^{-1}\ 年^{-1}$のN_2Oが放出されている．

従来，窒素はアミノ酸やタンパク質の合成には必須で，とくに森林では不足しがちな養分とされてきたが，上記の通り，場所によっては過剰にもなっている．次に林床の稚樹を例に考察する．落葉広葉樹の葉中の窒素が増えると，一般には細胞が間延びして葉の厚みが増し，光飽和での光合成速度は増加する[46]．さらに，クロロフィルの増加によって葉の緑色が濃くなり，光を集める機能と運ぶ能力も高まるので，弱光下での光合成能力も改善される．同時に暗呼吸速度も増加する．このため，窒素沈着による光合成機能の改善がどの程度成長に影響するか，さらなる研究を待つ必要がある．

6.4.3 二酸化炭素

ヤチダモとハリギリの優占する約30年生の山火事後の再生林の林冠内部では，無風条件の時にCO_2濃度は外気より約50 ppm低下していた[47]（国際単位（SI）ではCO_2は$\mu mol\ mol^{-1}$で表すが，便宜上，ppmで表示する）．低CO_2条件では個葉が強い光を受けると光阻害が生じる．立木の樹高がそろった凹凸の少ない林冠では，大気との間に境界層が発達し，CO_2が林冠内に流入しにくい．光合成の基質であるCO_2を林冠部に供給するには乱流の生じやすい林冠構造を間伐等で誘導することも重要である．この場合，風害や雪害を回避できる林分造成がまず求められる[48]．そこで樹冠長比（樹高に対する樹冠長の割合）65～70%，あるいは形状比（胸高直径に対する樹高の比率）65～70が安全と考えられている．

林床では夕方から早朝にかけて高CO_2（現在では600～700 ppm）になる[47]．これは，夜間の樹木の呼吸と土壌呼吸からCO_2が供給されることによる．林床の稚樹は，大半の時間は発達した林冠を通過した弱い散光を受け，時折，林縁や間伐・倒木による林冠ギャップを通過した強い直達光（木漏れ日）を受ける光環境

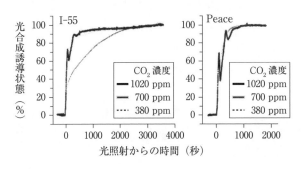

図6.3 ポプラクローン I-55 と Peace の光合成誘導反応に及ぼすCO_2濃度の影響（Tomimatsu and Tang (2012)[49]から作成）気孔開閉機能が失われた Peace では，対照に比べて，どのCO_2濃度に対してもCO_2応答が速い．

で生育している．高 CO_2 では気孔が閉じ気味になるが，光が当たってから光合成速度が増加するまでの時間（光合成誘導反応）は速くなる[49]（図6.3）．この高 CO_2 環境を利用して，時折受ける強い光を効率よく光合成作用に利用でき，成長を継続できる[50]．更新稚樹の木漏れ日の利用能力の向上によって，CO_2 と窒素沈着が植物栄養的に良好に作用すれば更新稚樹の成長は増加することが予測される．

6.4.4 オゾン

近年，地表付近（0〜11 km）の O_3 濃度が急激に増加しつつある[51]．そこで，北日本で期待の大きなグイマツ雑種 F_1（F_1）に対する高 CO_2 と O_3 の複合影響から分かった外生菌根菌の役割[52,53]をリン資源の枯渇[42]に関連して述べる．

大気中 CO_2 濃度は増加し続け，2013年5月には，ついに400 ppm を超えた．一方，局所的な放出もあるが越境大気汚染の影響もあって地表付近のオゾン濃度は高くなってきた[44,51]．高 CO_2 環境では植物の気孔が閉じ気味になるため[43]，空気より重い O_3 の取り込みは抑制され，成長低下は軽減される．造林面積が増加し続けているカラマツ属は外生菌根菌（ectomycorrhiza，ECM）に依存した成長を行う[52,53]．ECM は宿主から光合成産物を受け取り，宿主へリンと水分，また窒素を供給し，あたかも植物体の細根のような役割を果たす．とくに，リンの欠乏症状が出やすい未成熟火山灰土壌では ECM との共生は必須である．

低コスト造林ではコンテナ苗の量産が期待されている[54]が，リン資源の枯渇が予想される中で，リン含有率の高い農業肥料への依存は避けるべきである．代替として，ECM 等緑化資材に注目したい．手がかりの一つを以下に紹介する[51]．

F_1 を2生育期間，高 CO_2（600 ppm）と O_3（60 ppb）の組み合わせで育成し，その成長と共生菌類の組成を調べた．成長量は高 CO_2 区＞対照区＞高 CO_2＋O_3 区≫O_3 区の順に大きかった．ECM の感染率と多様度指数も，この順に高かった[53]．

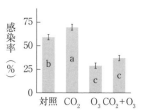 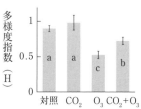

図6.4　グイマツ雑種 F_1 に感染した外生菌根菌の感染率と多様度指数（Wang et al.（2015）[53]から作成）
対照：大気 CO_2 濃度約390 ppm O_3 濃度約25 ppb，CO_2＝600 ppm O_3＝60 ppb で生育させた．土壌は褐色森林土であった．
異なるアルファベットは有意（$P < 0.05$）である．

(図6.4).すなわち高 CO_2 区ではイグチ属を中心にラシャタケ属,*Cadophora* 属,ラッカリア属,イボタケ属等が感染していたが,高 O_3 区ではイグチ属が 80% 以上を占めていた.生育環境が悪化し光合成が抑制されても,結局,カラマツ属にはイグチ属 ECM は不可欠であり,マツ属に対するコツブタケと同様に緑化資材としての期待ができると考えている[52].このような共生微生物と宿主である造林木の関連性の解明は,今後ますます重要になると考えられる. 　　　[小池孝良]

課 題

(1) 霜害の影響をミズナラの残存冬芽の役割に関連して述べよ.
(2) 湿地帯で生育できる樹種の幹の解剖学的特徴と環境問題との関連を考察せよ.
(3) 劇的な環境変動の中でも地表付近のオゾン濃度が上昇し,悪影響が懸念される.植林を進める際に留意すべき点はなにか.

引用文献

[1] 大沢雅彦,2000,ペドロジスト,**44**,124-127.
[2] 寺島一郎,2013,植物の生態,裳華房.
[3] 今西錦司,1935,山岳,**30**,217-264.
[4] 舘脇 操,1955-57,北方林業,**7**,240-243,**8**,7-9,72-75,120-123,312-315,**9**,47-53.
[5] 井出雄二・白石 進,2012,森林遺伝育種学,文永堂出版.
[6] 佐野雄三,1996 北海道大学農学部紀要,**19**,565-648.
[7] 佐々木恵彦・畑野健一,1987,樹木の生長と環境,養賢堂.
[8] Koike, T., 1982, *J. Jpn. For. Soc.*, **64**, 275-279.
[9] 黒田吉雄他,2001,森林立地,**43**,75-82.
[10] 高橋邦秀他,1988,北方林業,**40**,259-263.
[11] 樫村利通,1979,吉岡邦二博士植物生態,450-465.
[12] Yokono, M. et al., 2015, *Nat. Commun.*, **6675**, doi：10.1038/ncomms7675.
[13] Kitao, M. et al., 2004, *Physiol. Plant.*, **122**, 226-232.
[14] 黒田慶子,2000,森林保護,**276**,12-14.
[15] 佐野雄三,2013,北方林業,**65**,3-5.
[16] 酒井 昭,1995,植物の分布と環境適応,朝倉書店.
[17] Wada, H. et al., 1990, *Nature*, **347**, 200-203.
[18] 織部雄一朗,2006,林育研報 **22**,61-146.
[19] Begum, S. et al., 2013, *Physiol. Plant.*, **147**, 46-54.
[20] 小谷圭司,1986,木材形成の調節に関する研究,京大農学研究科博士論文.

[21] Hayashi, K. et al., 2000, *For. Genet.*, **7**, 31-37.
[22] Okada, S. et al., 1973, *Silvae Genet.*, **22**, 24-29.
[23] 小池孝良・丸山　温，1997，植物地理・分類，**46**, 23-28.
[24] Koike, T. et al., 1998, *Bot. Acta*, **11**, 87-91.
[25] 北岡　哲，2007，北大演習，**64**, 37-90.
[26] 永田　洋・佐々木恵彦，2001，樹木環境生理学，文永堂．
[27] 種子田春彦，2007，フェノロジー研究，**42**, 8-15.
[28] 森林総研 HP，2010，広葉樹の苗木の移動に関する遺伝的ガイド，http://www.ffpri.affrc.go.jp/pubs/chukiseika/documents/2nd-chukiseika20.pdf.
[29] 宮下　直他，2012，生物多様性と生態学，朝倉書店．
[30] Wullschleger, S.D. and Strahl, M., 2010, *Sci. Am.*, *March*,（小池孝良訳，森で実験：気候変動の影響，日経サイエンス 2010 年 6 月号）．
[31] 坂上幸雄・藤村好子，1981，日本林学会誌，**63**, 194-200.
[32] 松本陽介・根岸賢一郎，1982，日本林学会誌，**63**, 165-176.
[33] Agata, W. et al., 1986, *Photosynth. Res.*, **9**, 345-357.
[34] Axelrod, D.I., 1966, *Evolution*, **20**, 1-15.
[35] 根岸賢一郎，1987，科学研究費報告 60480061, 1987.
[36] 稲田勝美，1976，光と植物生育，養賢堂（Inada, K., 1976, *PCP*, **17**, 355-365）．
[37] McCree, K.J., 1982, Physiological Plant Ecology 12A, 41-55, Springer Verlag.
[38] 寺島一郎，2010，葉が緑色なのは緑色光を効率よく利用するためである．光合成研究，**20**, 15-20（Terashima, I. et al., 2009, *PCP*, **50**, 684-697）．
[39] 原田　泰，1954，森林と環境―森林立地論―，北海道造林振興協会．
[40] Koike, T. et al., 2013, *Dev. Env. Res.*, **13**, 371-390.
[41] 小池孝良，2004，樹木生理生態学，朝倉書店．
[42] 大竹久夫他，2011，リン資源枯渇危機とはなにか，大阪大学出版会．
[43] Yamaguchi, T. and Noguchi, I., 2015, *J. Agr. Meteorol.*, **73**, 196-201.
[44] 伊豆田猛，2006，植物と環境ストレス，コロナ社．
[45] Kim, Y.S. et al., 2012, *Atmos Env.*, **46**, 36-44.
[46] Koike, T. and Sanada, M. 1989, *Ann. For. Sci.*, **46S**, 295-297.
[47] Koike, T. et al., 2001, *Tree Physiol.*, **21**, 951-958.
[48] 藤森隆郎，2013，将来木施業と径級管理，全国林業改良普及協会．
[49] Tomimatsu, H. and Tang, Y., 2012, *Oecologia*, **169**, 869-878.
[50] Tomimatsu, H. et al., 2014, *Tree Physiol.*, **34**, 944-954.
[51] 畠山史郎・三浦和彦，2014，PM2.5 の疑問，成山堂書店．
[52] 小池孝良，2015，カラマツのパートナー，樹木医学研究，**19**, 60-61.
[53] Wang, X.N. et al., 2015, *Env. Pollut.*, **197**, 116-126.
[54] 全国林業改良普及協会，2013，低コスト造林・育林技術最前線，全国林業改良普及協会．

第 7 章
樹木の成長と生物的要因

要 点

(1) 樹木が土壌から吸収する養分の大部分は微生物によって無機化されたものである．一方で，樹木が生産する有機物は微生物や動物の食物でもある．資源をめぐる植物間の競合も，樹木の成長を規定する要因となる．

(2) 森林生態系を構成する森林生物は，樹木の成長と生存，次世代生産に様々な影響を及ぼす．その程度は，各種内の相互作用（密度効果），種間相互作用（競争，捕食等），非生物的要因，およびそれらの複合要因によって決まる．それらは，物質循環や動的平衡性の維持等，生態系が持つ様々な機能にも深く関わっている．

(3) 樹木の間にも，光や水，養分等をめぐって，同種，異種個体間に競争的な関係がある．移動できない樹木の場合，近くの個体との位置，大小関係により，光や水，養分の吸収量が制限される．また，動物とは異なり，植物の場合には間接的な競争関係であることが多い．

(4) 森林の保全と生態系の安定的な維持を図っていくためには，その仕組みや様々な生態系機能，およびそれらと生物多様性との関わりを解明することが重要である．近年，持続的な森林経営において，生物多様性の保全に配慮した施業や造林技術の重要性が認識されるようになってきている．

キーワード

造林技術，物質生産，樹木流行病，密度効果，自然間引き，生態系機能，生物多様性

7.1 樹木の成長と微生物

7.1.1 森林生態系における微生物の役割

a. 菌根菌

高等植物の 70〜80％は，菌根菌と総称される糸状菌との間で菌根（mycorrhiza）とよばれる共生体を形成している．菌根には外生菌根と内生菌根があるが，多くの樹種の細根部分に見られるものは，外生菌根菌がつくる外生菌根である．

土壌中ではこれらの菌根から延びる菌糸が，樹木同士や親木と稚樹を結ぶように張り巡らされており，この菌糸ネットワークは，根からの土壌養分（とくに，土壌中では不動態として存在するリンなど）や水分の効率的な吸収を助け，養分のやり取りも行っている[1]．菌根菌は寄主植物から光合成産物（炭水化物）を受け取って菌体を維持し，菌糸を伸長させ，菌糸ネットワークの途上で地上に（一部の種は地中で）子実体とよばれる胞子分散器官を露出させる．これがいわゆるキノコである．一方，菌からもたらされる樹木側の利益としては，上記のような樹木に対する養水分吸収の手助けのほか，菌根の外周を覆う菌鞘とよばれる構造が，他の微生物や有害物質から根端を保護することと考えられている．

菌根形成が根からの養水分の吸収を通じて樹木の成長にもたらす正の効果は，悪条件下で生育する樹木，とくに，若齢木において顕著に現れる．貧栄養土壌で生育するマツ属樹木の苗に菌根菌（コツブタケ *Pisolithus tinctorius*）を接種した実験では，樹種による違いはあるものの，いずれも未接種のものに比べ著しい成長促進効果が見られた[2]．同様に，土壌環境条件の厳しい熱帯地域でも，フタバガキ科樹木の苗木の顕著な活着成功率の上昇と成長促進効果が明らかにされている[3]．成木や森林全体での菌根菌の役割や菌根共生の損得勘定を定量的に評価することは難しいが，菌根の維持が光合成産物の 10 〜 30％ もの転流によって支えられているという事実は[1]，樹木や森林生態系の成長や維持において，菌根菌がいかに重要な役割を演じているかを強く示唆している．共生する菌根菌や形成される菌根タイプは，特定の種群で共通するもの，種特異的なものなど様々であり，森林内での菌根菌の多様性や分布様式，菌根ネットワークの構造等については，未解明の部分が多く残されている[4,5]．

b. 腐生菌・土壌微生物

森でよく見かけるキノコには，菌根菌のものとは別のタイプのものがあり，その多くは腐生菌の子実体である．腐生菌とは文字通り，植物遺体（動物遺体や排泄物を利用するものもある）等，いわゆる老廃棄物（detritus）を栄養源とする菌の総称で，木材を分解する木材腐朽菌等もこれに含まれる[6]．森林生態系では，光合成産物のエネルギーの 95％ 以上は枯枝葉や枯死幹の形で腐食連鎖系（植物遺体等を出発点とする食物連鎖）へと流れ，生きた葉を利用する植食性昆虫や草食哺乳類によって消費されるエネルギーは，通常の密度レベルではほとんど無視できるほどである[7]．植食者に利用されることなく地上に落下した植物遺体（枯死有機物）の分解には，こうした腐生菌（菌類）や土壌中の細菌類がもっとも大き

な役割を演じており，枯死有機物が保持するエネルギーの70%近くがこれらに流れる[7]．とくに，大部分がリグニンのような難分解物やセルロースで構成される材の分解には，分解酵素をつくる微生物を体内に住まわせている材食性昆虫の他，白色腐朽菌，褐色腐朽菌，軟腐朽菌等の木材腐朽菌（rot fungi）の存在が不可欠であり，また，腐朽菌の種類によって分解産物の物理的・化学的組成は大きく異なる．

植物や動物の遺体からは，生体構成元素としてもっとも重要な窒素も供給されるが，この窒素の循環に関わる微生物として，土壌中では，植物と共生する窒素固定細菌やアンモニア態窒素を硝酸態へと変換する細菌等が大きな役割を果たしており，これらの働きの違いを反映した立地条件の違いは，そこに生育する樹木の成長にも影響を及ぼす[4]．

c. 昆虫病原菌

森林には，昆虫に寄生する微生物も多数生息しており，それらはしばしば昆虫類の個体群密度調節を通じて，樹木や森林にも間接的に影響を及ぼしている[4]．森林昆虫の大発生がウイルスの感染によって終息した事例もある．*Bacillus*属の細菌や*Beauveria*属の菌類も昆虫病原菌として知られ，農業分野では微生物殺虫剤として製品化されたものもある．また，東北地方でブナの葉を食べる蛾の周期的大発生の終息に，サナギタケ（*Cordyceps militaris*）とよばれる菌類（冬虫夏草菌）が，重要な密度制御因子として作用していることがはじめて明らかにされた[8,9]．

7.1.2　樹木・森林病害

a. 樹木・森林の病気とは

樹木や森林に関わる微生物には，上述の菌根菌や腐生菌の他に，樹木の病気を引き起こし，枯死に至らしめる病原微生物があり，これらは樹木の成長や森林の健全性を大きく左右する[6,10]．様々な組織や器官，器官系で構成される人間の身体と同じように，樹木も各成長段階において，葉や幹，枝，根等様々な部位が微生物の寄生を受け，その樹木が置かれている条件によって，しばしば病的状態（すなわち樹病）に陥る．こうした病気の原因となる微生物を病原体（pathogen）とよび，病気を発症させる主体であることから，これが病気の主因である，などという言い方をする．病気を引き起こす能力を病原性（pathogenicity；病原力，virulence），微生物が寄生する対象樹木を宿主（または寄主，host）とよび，病

気であるかどうかを視覚的に認識できるような形態的な異常を病徴（symptom）という．しかし，人間の場合と同様，病原体の寄生（感染）を受けたからといって，必ず病気を発症するわけではない．感染した病原体の量や病原力の強さといった要因の他に，宿主の状態，すなわち免疫力の違いが大きく関わっている．自然界においては，樹木に限らずどの生き物も微生物との関わりなしに暮らす方が難しいので，病気の発症のしにくさは，病原体の攻撃力をしのぐ宿主の健康状態に負っているともいえる．このような，宿主の健康状態を損ねる環境要因を誘因とよんでいる．樹木・森林の場合も同様に，酸性降下物や高温，水ストレス等，様々なストレス因子が誘因として作用することが知られており，そのストレスのかかり方は，樹種や立地，気候条件等によって様々である．大気汚染を例にあげると，樹木が受ける直接的被害の度合いは，汚染物質濃度と暴露時間（さらされている期間）との積に比例するとされており，病徴の現れやすさは，立地条件，とくに養分条件に関係している[11]．

　病虫害の誘因としてのストレスの作用機構は複雑であり，同じ種，同じ年齢の樹木でも，どの木がストレスを受けやすいか，感染・発病しやすいか，すなわち感受性（susceptibility）には個体差がある．見た目では健全そうに見える樹木も，樹木にとっての悪条件が重なると，一気に発症して萎凋，枯死することがある．樹木の健全性（健康度）を知ることは簡単ではなく，個体ごとの光合成能力，代謝速度，樹液流動，化学防御物質の種類や濃度等，様々な指標から総合的に捉えるしかない[6]．

　造林的観点からは，稚苗・苗木段階の病気と天然更新阻害要因としての病気がとくに重要である．スギ赤枯病は，スギ苗に発生する病気であり，明治時代以降，日本の林業に大きな打撃を与えてきた．現在では防除法が確立しているが，苗木の時期に原因菌である *Cercospora sequoiae* に感染した主軸部分が，成長するにつれて幹が溝状に壊死した状態となり，材の価値を著しく低下させることが大きな問題となった．この溝腐れ症状は赤枯病への感染履歴に由来することから，一般にはスギ赤枯病・溝腐病（blight and canker of *Cryptomeria*）とよばれている．この他，土壌病原菌の *Fusarium, Rhizoctonia* 属菌等による針・広葉樹共通の（苗）立枯病（damping off），拡大造林期にカラマツ幼齢林に甚大な被害を与えたカラマツ先枯病（shoot blight of larches）等がある．

b. 天然更新に関わる微生物

　一方，とくに北方林や亜高山帯において，天然更新を阻害する病気として，雪

腐病（snow blight）が知られている．長期にわたる過湿，低温の根雪状況下では，稚樹に *Racodium*, *Phacidium* 属菌による雪腐病が発生しやすく，北海道から東北地方で広く見られるエゾマツ，トドマツ等の天然更新は，異なる標高の環境要因に対応して分布するそれぞれの菌への稚樹の感受性の違いによってその成否が決まる（菌害回避更新論[12]）．多雪地帯で多く見られる，大径木の倒木上で発芽した稚樹の生存率が高まる更新様式（倒木更新）は，ササ等との光や養水分をめぐる競争のほかに，こうした雪腐病との関連から説明される．雪腐病の多発地域では，倒木の上は種子や稚樹にとって安全な場所（safe site）となる．また，ブナの実生に見られる立枯病も天然更新を阻害する要因の一つとして重要であるが，その大部分が林床で感染した炭そ病菌の一種（*Colletotrichum dematium*）によって引き起こされることも明らかになっている[8,13]．さらに，熱帯林では，親木と共通の病気や虫害による種子や稚樹の死亡が更新阻害要因となっており，親木の位置を起点としたときに，親木から離れるにしたがって上昇する種子・実生の生存確率曲線と低下する分散密度曲線が交わる地点で，更新成功度が最大になると考えられている（Janzen-Connell 仮説[14]）．

c. 樹木流行病

20世紀に入ると，樹木や苗木，材の広域的な移動に伴い，クリ胴枯病，五葉マツ発疹サビ病，ニレ立枯病等，世界的規模で樹木の流行病が次々に蔓延した．その後，アジアを中心に西ヨーロッパにまで拡大したマツ材線虫病がこれに加わり，世界の樹木四大流行病とよばれるようになった．以下の二つは，現在の日本においてもっとも重要な樹木流行病である[4,6,10]．

(1) マツ材線虫病（pine wilt disease）

マツ材線虫病は，マツノマダラカミキリ（*Monochamus alternatus*）によって媒介されたマツノザイセンチュウ（*Bursaphelenchus xylophilus*）という線虫が，アカマツやクロマツ等を枯死させる病気である．最初の被害が報告された1900年代初頭以降，今では北海道を除く全都道府県で被害が確認されており（2012年現在），今なお大きな脅威となっている．このカミキリは樹脂の出ない衰弱木や枯死木でしか繁殖できないが，そこから羽化した成虫によって線虫は健全なマツへと運ばれ，この成虫が若枝につける傷（後食痕）から侵入した線虫は，樹体内で爆発的に増殖する．これによって水分生理に異常をきたしたマツでは，やがて秋口あたりから針葉が褐変し始め，抵抗力の指標でもある樹脂の流出も止まる．こうしてカミキリは，繁殖に適した資源を自らつくり出すことに成功し，カミキリ，

線虫双方の密度の増加と生息域の拡大を果たしてきた．マツ枯れ被害の拡大は，戦後の燃料革命や化学肥料の普及によって里山でのマツ材の利用が急激に減り，媒介者であるカミキリムシの繁殖源がそのまま放置されたことによるところが大きい．日本の主要なマツであるアカマツやクロマツは，生態遷移における先駆樹種として土壌形成や土砂流出防止に大きな役割を果たすと同時に，神社仏閣，公園等における文化・景観上の役割や，海岸林として防災的な役割も担っている．

　以下に述べるナラ枯れにも当てはまるが，人の手が入りにくいところでは，媒介昆虫の密度を面的に低下させる防除対策は取りにくく，広域的な被害拡大阻止は難しい．地域ごとに保護すべき対象木，対象林分を明確にし，その中で徹底的な被害木の伐倒駆除や，場合によっては被害林の小面積皆伐等を実施することで，媒介者の増殖と移動を封じ込める必要がある．また，とくに里山とよばれる地域での，マツ林，ナラ林の利用形態・管理手法をあらためて考えていくことも重要である．

(2) ブナ科樹木萎凋病（ナラ枯れ）(oak wilt disease：oak decline)

　マツ枯れの終息も見ないまま，日本海側地域から太平洋側地域へと広がった「ナラ枯れ」は，ナラ類，シイ・カシ類の樹木を枯らす病原菌（菌類）と，その病原菌の媒介昆虫との，「協働」によって引き起こされる樹木の伝染病である[15,16]．カシノナガキクイムシ（*Platypus quercivorus*）（以下，カシナガ）とよばれる体長5 mmほどの甲虫が，背中の穴に糸状菌（カビ）の一種の病原菌（通称，ナラ菌：*Raffaelea quercivora*）を入れて被害木から健全木へと運び，1980年代以降，急激に枯死被害を拡大させてきた（図7.1）．カシナガはいわゆる養菌性キクイムシの仲間で，樹幹内にトンネルを掘り，その中で繁殖した菌類，酵母類を食べさせて子育てをする．カシナガの集中的な穿入を受けてナラ菌に感染した樹木は，樹幹内部が黒褐色に変色し，水を吸い上げることができなくなって，やがて枯れる．枯死した1本の木には数百〜数千の穿入孔が見られ，翌年には1穿入孔あたり数十〜数百頭もの新成虫が，また新たな樹木をめざ

図7.1　平成12〜23年にナラ枯れ被害が確認された市町村（林野庁資料）（日本森林技術協会（2012）[17] より）

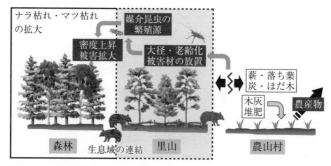

図 7.2 里山の現状とナラ枯れ・マツ枯れの拡大およびツキノワグマ出没との関連

して脱出していく．日本海側や標高の高い地域ではとくにミズナラが，その他の地域ではコナラの被害が深刻である．カシナガは大径化・高齢化した樹木を選択する傾向があり，根元付近から約 2 m までの高さの太い部分に集中して穿入する（マス・アタック）．ただし，カシナガの穿入を受けたからといって，すべての木が必ず枯れるわけではない．樹木の抵抗性等により，キクイムシが材内で坑道形成に失敗すると，菌の蔓延も見られない．

ナラ枯れ被害が増加した背景には，従来低密度で生息していたカシナガが，人間に利用されなくなって大径化，高齢化した木を使って爆発的に増えたという状況がある（図 7.2）．ナラ枯れ被害による影響は，広葉樹材としての木質資源が失われることのほかに，森林の景観が著しく損なわれるという点でも深刻であり，枯死木による風倒被害が発生する可能性もある．ナラ類は稚樹による天然更新が難しく，萌芽更新に期待するにも樹種や樹齢，立地的に制約があるため，ナラ枯れ被害跡地をどのような植生に誘導していくのかは今後の大きな課題である．大径木，高齢木への選択的な穿入は，一方で更新や遷移の一過程と見ることもできるが，このような媒介昆虫の急激な密度上昇と分布拡大は，高齢木だけでなく壮齢木への飛び火的被害や森林生態系全体の急速な構造変化，不安定化をもたらす恐れがあるため，様々な工夫によって密度を低下させ，被害拡大を防ぐための懸命の努力が続けられている[17]．またこれと同時に，今後は高齢・大径木の積極的な利用と森の若返り方策も考えていかなければならない．

このように見てくると，微生物は様々な形で，ときには他の生物との協働作業によって，森林生態系の物質循環や動的平衡の維持に関わっており，その森林生態系の構造と機能，動態を決める重要な駆動因子であることが分かる[4,5]．

7.2 昆虫・哺乳類による食害

7.2.1 昆虫がもたらす森林被害

　森林には様々な昆虫が生息しているが，通常の密度レベルでは，植食性昆虫による葉の摂食や樹液の摂取が樹木の生存や成長，繁殖に与える影響はきわめて小さなものである．一般に，森林生態系には，昆虫の密度上昇に伴って，これを抑制するように捕食者や微生物等の天敵が作用し，通常の密度レベルを維持しようとする自己制御機構が備わっている．しかし，生物多様性が低く食物網構造が比較的単純な一斉人工林や北方林等では，ストレスや様々な物理的環境要因が樹木側に負の影響，昆虫側に正の影響として協調的に作用すると，昆虫の密度が急激に上昇し，しばしば大発生（outbreak）という形で樹木・森林に大きな被害をもたらすことがある．常緑針葉樹を用いた摘葉実験の例等から，一般に，食害量が全葉量の 30％程度ではほとんど影響ないものの，50％を超えると成長の減退が現れるといわれている．林業的観点からは，こうした高密度化した植食性昆虫による食害は，林木の枯死，成長（肥大成長，伸長成長）の遅れ，材質の劣化，種子生産の低下等を引き起こす．また，前述のマツ枯れ，ナラ枯れのような，微生物との協働によって媒介昆虫の密度上昇と分布拡大が加速化し，景観や生態系の構造を短期間で一変させてしまうような伝染病的被害は，現在の日本においてもっとも深刻な森林被害である．

　被害を軽減させるには，短期的には化学的防除，物理的防除，長期的には生物的防除や林業的防除等，様々な手段がある[6]．低密度の森林昆虫を害虫化させない林業的防除では，昆虫の高密度化の引き金となる繁殖源を除去することや，除間伐の時期・方法の工夫，適地適木，抵抗性品種の植栽等，森林の健全性と抵抗力を高める施業が重要である．例えば，スギ・ヒノキの辺材部に星形変色を引き起こすキバチ（木蜂）は，衰弱木や切り捨て間伐材を繁殖源とするが，このハチと共生する菌類の繁殖に適した，比較的新しい材でしかうまく育たない．このことは，ハチの生活史を考慮した間伐時期の設定が，密度の上昇を抑える上で重要であることを示している[18]．

　近年，人工林においても，間伐を欠かさず，明るい光が差し込む林にすることで広葉樹や下層植生を豊かにする，生物多様性に配慮した森林管理の必要性が叫ばれるようになってきた．2010 年の生物多様性条約締約国会議（COP10）におい

ても，変動環境下での生物多様性を保全する持続可能な林業が，生物多様性保全目標の一つとして挙げられている．こうした森林管理は，単に人工林内の動植物の種数を増加させるだけでなく，森林に本来備わる，食物網・捕食圧等の密度調節機能，水や栄養塩類等の物質循環機能といった生態系機能の強化を通じて，森林全体の健全性や抵抗性を高めることにもつながると考えられるが，それを裏付ける科学的データはまだ少ない[19-21]．

7.2.2 哺乳類による森林被害
a．ニホンジカ

近年，ニホンジカ（*Cervus nippon*）の個体数密度の上昇と分布域の拡大が顕著となり，林業地帯だけでなく，全国あちこちの森林に深刻な被害をもたらしている．密度が増加した背景としては，かつてのニホンオオカミのような天敵がいないこと，温暖化によって冬の幼齢個体の死亡率が低下したことや，餌となるササ地の拡大による栄養条件の改善等があげられている．ニホンジカは，アセビやヒサカキ等一部の不嗜好性植物を除いて，ほとんどの種類の植物を食べる．主食のササ類が豊富なところでも周辺の樹木の樹皮を剥いで食べる習性があり，とくに密度の高い所では，この剥皮によって多くの樹木が枯死している[22]．その結果，林床が明るくなってササ類の被度が上昇し，シカ密度をさらに押し上げる．このような，シカの異常なほどの密度の高さは，樹木の枯死だけでなく，様々な生物間の相互関係や生態系全体の構造に大きな影響を与えている[22]．

植林地ではスギ，ヒノキ等の枝葉の食害が，また，壮齢林になると剥皮害が顕著となる．防除の方法としては，林地への侵入を物理的に防ぐ防護柵（防鹿柵）の設置がもっとも効果的であるが，経費や労力の点から設置面積上の制約がある．苗木，若齢木では，チューブ状の苗木防護資材等も用いられる．現状では，生物多様性に配慮した森林管理も，防護柵がなければ実施が難しい所が増えてきている．防除の観点から，ある地域，ある時点でのシカの「適正密度」を知ることは難しいが，現在，明らかに集団サイズの大きな個体群に対しては，計画的な個体数調整が実施されている[6]．また，こうして捕獲したシカの利用についても，様々な検討が行われている．

b．ツキノワグマ

ツキノワグマ（*Ursus thibetanus*）は，中国地方や四国地方のごく一部と，近畿地方より北の低山から亜高山帯にかけて生息する雑食性の大型哺乳類で，通常は

7.2 昆虫・哺乳類による食害　　83

図 7.3　スギ人工林内の巣箱で営巣したシジュウカラ

果実や広葉樹の堅果等を好んで食べる．林業的には，「クマ剥ぎ」の被害がもっとも深刻である．スギ，ヒノキ，カラマツの人工林やモミやトウヒ林の，主に大径木において，地際近くから上方に向かって樹皮が大きく引き剥がされ，形成層周辺がかじり取られる．部分的でもこの被害を受けた木では，やがて巻き込み等の樹幹の変形や壊死が起こって材の価値は著しく低下し，全周的に剥皮されたものは枯死する[6]．ちなみに，近年しばしば報じられる人里でのヒトとクマとの遭遇の頻度は，主な餌であるブナやナラ類の堅果の豊凶と関係していることが分かってきた[23,24]．さらに，両者が利用してきた里山という緩衝地帯が，人間が利用しなくなったことでクマの住む森林（奥山）と一体化し，人間の生活圏と直接的に接するようになったこともその一因と考えられる（図 7.2）．

この他，造林の初期段階では，野ネズミ類や野ウサギ類による樹皮や根，葉の食害が，苗木や幼齢木を枯死させ，大きな林業被害をもたらすことがある[6]．その一方で，ヒメネズミ等の小型哺乳類やカケス等の鳥類が，その貯食行動を通じて森林の更新に関わっていることや，鳥を含めた野生動物が捕食行動を通じて森林生態系の安定性に寄与していることも明らかになってきている[25]（図 7.3）．森林の維持管理にあたっては，いわゆる病虫害，鳥獣害とよばれてきた負の影響が，樹木の成長段階や森林の発達段階ごとに異なる環境に対応した生物個体群の密度の変動と，そこで形づくられる様々な生物間相互の関係性の変調から生じていることを常に意識しながら，本来低密度であった生物がどの要因によって「有害化」したのかを見極める必要がある．

すでに述べたように，近年，生物多様性に配慮した施業，森林経営の重要性が強調されるようになってきたが[21]，それによって森林・林業にどのような正（あるいは負）の効果があるのかを定量的に示した研究はまだ少ない．現時点では，生物多様性に配慮した育林技術とは，森林が本来持つ様々な生態系機能を安定的に発揮させるための技術と言い換えるに留めたい．　　　　　　　　　　　　［肘井直樹］

7.3　植物間の競合：種間競争，種内競争

　植物の個体間での競争には二種類ある．異なる種の個体間で起こる競争（種間競争）と，同じ種に属する個体間で起こる競争（種内競争）である．森林を構成する樹木は，光や水，養分等をめぐって他の個体との間に競争的な関係があると考えられる．動物のように移動することのできない樹木の場合，近くの個体との位置関係や大小関係によって，受け取ることのできる光の量や，吸収できる水や養分の量等が制限されることになる．また，動物の場合には，個体間の闘争や，食う-食われる等の直接的な競争関係が多く見られるが，植物の場合には共通の資源をめぐる間接的な競争関係であることが多い．本節は第10章と合わせて読んでいただきたい．

　樹木個体間の競争で重要なのは，空間の占有に関するものである．樹冠サイズを大きくしてたくさんの葉を付けることにより，光合成をより多く行うことができるであろう．また，他の個体よりも高い位置に葉を付けることによって，光を十分に確保することができるようになる．地下部の場合には，根を伸長させ，土壌中の空間を確保することによって，水や養分を得やすくなるであろう．

7.3.1　種間競争

　人工造林では，造林木以外の植物（雑草木）が進入・繁茂し，造林木の生育を阻害することになる．とくに，皆伐して裸地状態にした場合には，光要求の強い陽性の植物が急速に繁茂する．下刈りや除伐，つる切り等の作業は，目的樹種以外の植物である雑草木を林地から除去することが目的であり，造林木と雑草木との種間競争（inter-specific competition）を人為的に制御する技術と見なすことができる．

　下刈りとは，林地から雑草木を除去し，造林木に対する種間競争の圧力を減らすのが目的である．造林木が雑草木よりも十分に高く成長するまで，毎年1～2回の下刈り作業を行うのが通例である．作業の適期は雑草木の伸長成長が概ね終わる頃である6～8月とされている．造林木が成長し，林冠が閉鎖（うっ閉）し始めると林床の相対照度が低下するため，雑草木も少なくなってくるので，この時期を過ぎると下刈りは不要になる．

　下刈りは造林樹種による成林のためには重要であるが，労力と経費がかかるこ

とが大きな負担となっている．苗木の活着と幼齢期の速い成長を目的として，コンテナ苗を利用した造林が行われるようになってきた．コンテナ苗は，小型で軽量であるため，育成や貯蔵，運搬の面でも有利であるといわれている．また，改良の進んだ育種苗（エリートツリー）を利用することにより，初期成長の一層の改善が期待されている．

除伐（clearing cutting）は一般的に林冠が閉鎖する頃に行われる収入を期待しない保育作業であり，造林木の生育を妨げる可能性のある樹木を除去するために行う．捨て伐りや掃除伐ともよばれる．造林木であっても，病虫害や気象害等の被害木や形質不良木（二又や幹曲り等）は除伐の対象となる．クズやフジ等のつる植物が造林木に巻きついて成長を阻害したり，樹冠を覆って生理機能を低下させることがある．これらのつる植物を切断しておくこと（つる切り）も多くの場合，除伐の一環として行われる．

7.3.2 種内競争

林冠が閉鎖する頃からは，造林木同士の競争現象が目立つようになる．同種の個体間の競争は種内競争（intra-specific competition）とよばれる．造林木同士の種内競争を制御し，望ましい成長を達成する技術が間伐（thinning）である．間伐は，幹曲がりや病虫害等による望ましくない形質を持った樹木を除去することも目的としている．

間伐を定量的に行うための技術として，密度管理図を使う方法が確立されている．密度管理図は，幹材積 $[m^3\,ha^{-1}]$ と立木密度 $[ha^{-1}]$ の関係に基づいて間伐の時期と程度を判断し，森林を管理するのに使われている[26]．密度管理図は樹木の種内競争についての観察事実や法則性に基づいてつくられている．ここでは，密度管理図の基礎となっている密度効果の逆数式[27]，植物成長のロジスティック理論[28]，最終収量一定の法則[29]，自然間引きの 3/2 乗則[30] について簡単に説明する．

大阪市立大学で 1950 年代に植物の密度効果に関する研究が精力的に行われた．そこでは植物成長のロジスティック理論により，密度のみでなく各種の成長要因をも組み込んだ見通しのよい理論体系がつくられた．

個体密度 ρ（面積あたりの個体数，$[m^{-2}]$ あるいは $[ha^{-1}]$）を何段階かに変えて植物を育てると，ある時間における平均個体重 $w\,[g]$ と ρ の関係は密度効果の逆数式

$$\frac{1}{w} = A\rho + B \tag{7-1}$$

で近似されることが発見された．ここで，A と B はある時間断面での定数である．樹木の場合，個体重の代わりに幹材積［m^3］が用いられる場合が多い．この関係はダイズやクサフヨウ，ウキクサ，アカマツ，スギ等の多くの植物で確認されている．ダイズとアカマツについての実例を図7.4と図7.5に示す．ここで注意すべきことは，時間が経過しても ρ が変化しないということである．つまり，密度効果の逆数式は，自然間引きが起こらない状態での関係を表しているということである．

次の三つの仮定を置くことにより，(7-1) 式が導かれる．

[**仮定1**] 植物の成長は一般ロジスティック曲線

$$\frac{1}{w}\frac{dw}{dt} = \lambda(t)\left(1 - \frac{w}{W(t)}\right) \tag{7-2}$$

に従う．これを積分型式で示すと，

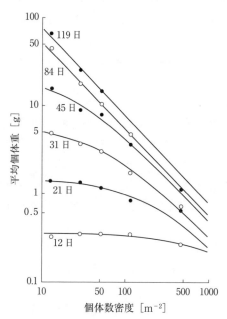

図7.4 ダイズで認められた密度効果（Kira et al. (1953)[27] より）
図中の数値は播種後の日数を表す．

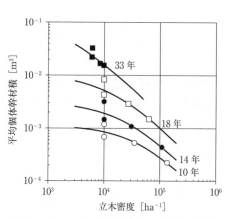

図7.5 アカマツ林で認められた密度効果（只木他 (1979)[31] より改変）
図中の数値は林齢を表す．

$$w = \frac{e^\tau}{\int_0^\tau \frac{e^\tau}{W}d\tau + \frac{1}{w_0}}, \qquad \tau = \int_0^t \lambda(t)dt \qquad (7\text{-}3)$$

である．ここで，$\lambda(t)$ と $W(t)$ は時間 t とともに変化する係数であり，w_0 は w の初期値である．λ と W が時間に関わらず一定の場合には，単純ロジスティック曲線となる．

[仮定 2] 成長係数 λ および初期個体重 w_0 は ρ に独立である．

[仮定 3] 最終収量一定の法則

$$Y(t) = W(t)\rho = \text{一定} \qquad (7\text{-}4)$$

が成立する．ここで $Y(t)$ と $W(t)$ はそれぞれ，十分な時間が経過したときの収量（[g m^{-2}] あるいは [t ha^{-1}]）と個体重である．

これらの仮定から，

$$A = e^{-\tau}\int_0^\tau \frac{e^\tau}{Y}d\tau, \qquad B = \frac{e^{-\tau}}{w_0}, \qquad \tau = \int_0^t \lambda(t)dt$$

と置けば，(7-1)式が導かれる．

一般ロジスティック曲線では，$\lambda(t)$，$W(t)$ が時間の関数となっており，曲線

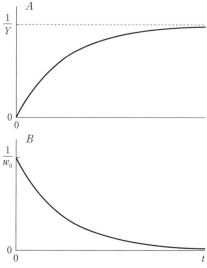

図 7.6 単純ロジスティック曲線に従う成長を仮定したときの A，B の時間変化

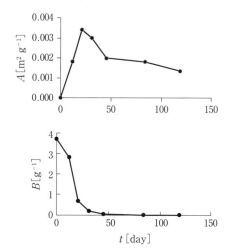

図 7.7 ダイズの密度効果試験で得られた A，B の時間変化（Shinozaki and Kira (1956)[28] より）

の具体的なイメージを得ることが難しい．そこで，λ も W も定数の場合，すなわち単純ロジスティック曲線の場合について考えてみよう．この場合，

$$A = \frac{1 - e^{-\lambda t}}{Y}, \qquad B = \frac{e^{-\lambda t}}{w_0}, \qquad \tau = \lambda t$$

となるので，A, B は図 7.6 のような時間変化を示すことになる．実験で得られた A, B の時間変化を見ると（図 7.7），A は生育に伴って増加し，最大に達した後減少し，その後はほぼ一定値となる傾向にあった．この実験の場合，個体重の成長は単純ロジスティック曲線では表されないが，ある程度時間が経過してからは，ほぼ単純ロジスティック曲線に従う成長をしているということができる．また，B は時間とともに指数関数的に減少しており，この傾向は単純ロジスティック曲線を支持している．ここで，B が 0 に近づくことは，最終収量一定の法則を支持する実験的な根拠となっている．すなわち，(7-1) 式において $B \to 0$ とすれば，$w\rho \to 1/A$ となり，十分な時間が経過すれば収量が一定の値に近づくことを示している．

もしも個体重が単純ロジスティック曲線に従う成長をしているならば，時間の経過とともに，A は増加した後，一定値に漸近し，B は指数関数的に減少する．A の増加に伴って，図 7.4 に示す w と ρ の関係は上方向に移動することになる．また，B が 0 に近付くことにより，両対数グラフでの w と ρ の関係は傾き -1 の直線に近づくことになる．

樹木が成長し，林が混み合ってくるとともに，種内競争が激しくなり，個体の機能量やサイズに優劣が生じてくる．劣勢の個体はやがて枯死し，立木密度が徐々に減少する．この現象は自然間引き

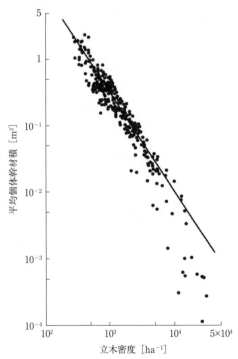

図 7.8 アカマツ天然林で見られた自然間引きの 3/2 乗則（Yoda et al. (1957)[30] より）
図中の直線は (7-5) 式で与えられる．

(self thinning) あるいは自己間引きとよばれ，多くの植物で観察されている．例えば，アカマツについての測定例を図7.8に示す．w と ρ の関係であるということでは，図7.4や図7.5と類似の関係であるが，図7.8に示されているデータは，自然間引きが発生するほど十分に混み合った状態の森林のものであることに注意されたい．

葉層あるいは林冠がうっ閉した植物群落では，平均個体重 w[kg] と密度 ρ [ha^{-1}] との間に次式の関係が成り立つことが知られている：

$$w = K\rho^{-\frac{3}{2}}. \tag{7-5}$$

これは「自然間引きの3/2乗則」[30]とよばれている．群落全体の重量 y[kg ha^{-1}] は

$$y = w\rho \tag{7-6}$$

で与えられるので，

$$y = K\rho^{-\frac{1}{2}} \tag{7-7}$$

という関係が成り立つ．樹木の場合，全体の重量に占める幹の割合が大きいため，幹材積と立木密度の関係は，係数 K の値は異なるものの，ほぼ(7-5)式で表される．密度管理図における最多密度線は，この自然間引きの3/2乗則を基礎として描かれている．

7.4　森林の混み具合を相対的に表す指標

森林は樹木（立木）によって構成された生態系であり，単位面積あたりの樹木の数が多ければ，密な森林であると期待される．しかし，樹木はサイズの変異が大きく，単純に樹木本数の面積密度（立木密度）のみで森林の混み具合を評価することはできない．ここでは，胸高断面積合計，相対幹距，収量比数という三つの指数を取り上げ，それぞれの指数の特徴を紹介する．

7.4.1　胸高断面積合計

胸高（地上1.3 m あるいは1.2 m）での幹の断面積を求め，土地面積あたりの値として表示する．これは森林の幹材積の指標として古くから用いられてきた．胸高断面積合計（stand basal area）の値に平均樹高と森林ごとに決まる係数をかけることによって，森林の幹材積を推定することもできる．また，胸高断面積合

計の値によって，その森林がどの程度の混み具合であるのか，あるいはどの程度のバイオマスがあるのか判断することができる．スギやヒノキの場合，胸高断面積合計の最大値は80 [$m^2\,ha^{-1}$] 程度であるといわれている[32].

胸高断面積合計を推定する方法には，一定面積内の樹木の胸高直径を測定する方法（プロットサンプリング）と，調査区を設けない方法（プロットレスサンプリング）がある．プロットサンプリングの場合はさらに，調査地の設定方法によっていくつかに分かれる．ここでは次の三つをあげておく．

①標準地法：森林の状態が平均的であると思われる場所を数カ所調査地に設定する方法．
②無作為法：無作為に調査地を設定する方法．
③層別抽出法：大きな環境傾度によって調査地域をいくつかの層に分け，それぞれの層内で無作為に調査地を設定する方法．

調査区の形状には方形，帯状，円形等がある．帯状の調査区の設定にあたっては，長方向を環境傾度と平行に取る場合と垂直に取る場合がある．プロットレスサンプリングとしては，ビッターリッヒ法[33]やwandering quarter method[34]等がある．

7.4.2 相対幹距

相対幹距（relative spacing）S_r は林分の立木の混み合い度を表す指標の一つであり，

$$S_r = \frac{S_m}{H} \tag{7-8}$$

で定義される量である．ここで H[m] は平均樹高であり，S_m[m] は平均幹距で，幹と幹の間の平均的な距離を表す．したがって相対幹距は，平均樹高を基準としたときの，立木間の平均的な隔たりを示すものである．

立木密度を ρ[ha^{-1}] とすると，立木1本あたりの平均占有面積 a[m^2] は，

$$a = \frac{10000}{\rho} \tag{7-9}$$

であるから，平均幹距 S_m は，

$$S_m = \sqrt{a} = \frac{100}{\sqrt{\rho}} \tag{7-10}$$

となり，相対幹距は

$$S_r = \frac{100}{H\sqrt{\rho}} \tag{7-11}$$

として計算される．平均樹高が高いほど，また立木密度が高いほど相対幹距が小さくなる．例えば次の三つの林分を比較してみよう．CとAの立木密度は同じだが，CはAよりも平均樹高が小さいために，相対幹距が大きくなっている．また，AとBの平均樹高は同じだが，BはAよりも立木密度が小さいために，相対幹距が大きくなっている．

A　$H=10$ [m]，$\rho=10000$ [本 ha^{-1}] → $S_r=10$ [%]
B　$H=10$ [m]，$\rho=2500$ [本 ha^{-1}] → $S_r=20$ [%]
C　$H=5$ [m]，$\rho=10000$ [本 ha^{-1}] → $S_r=20$ [%]

相対幹距は，簡易な間伐の指標として用いられている．相対幹距が14～15%くらいのときに間伐を行い，20%前後になるように立木密度を下げるのがよいとされている．

相対幹距は平均樹高と立木密度のみによって算出され，地位や林齢は要因として含まれていない．このことが相対幹距を用いることの簡便で優れた点である[35]．一方で，相対幹距は若齢期の間伐の指標としては優れているが，高齢林になると樹高成長が頭打ちになり，ほとんど変化しなくなるので，高齢林の間伐指標としてはふさわしくないという指摘もある．よりきめの細かい密度管理を行うためには，地方ごと，樹種ごと，地位ごとに作成されている林分密度管理図を使う必要がある．

7.4.3　収量比数

収量比数は，現在の幹材積が最大幹材積に対してどの程度の割合であるかということを表しており，森林の混み具合を幹材積のつまり具合で表しているといえる．収量比数の値をどの程度にするのが適切であるのかは，樹種や地位，経営目標などによって異なるが，0.6～0.8の範囲に維持するように行っている事例が多い．

森林が過度に混み合っていると，林床に届く光の量が限られるために，下層植生が貧困になる．その結果として，種多様性の低下や土壌侵食のおそれが指摘されている．樹種や地位等によって異なるが，収量比数が0.8より小さければ下層植生が維持されるようである[36]．

［宮浦富保］

課　題

(1) 森林の生態系機能にはどのようなものがあるかを説明しなさい．
(2) 樹木の健康と森林の健全性を脅かす要因をあげ，それらがどのように作用するのかを説明しなさい．
(3) 単純ロジスティック曲線

$$\frac{1}{w}\frac{dw}{dt} = \lambda\left(1 - \frac{w}{W}\right)$$

を積分形に直しなさい．ただし λ と W は定数である．

(4)
$$w = \frac{W}{1 + ke^{-\lambda t}}, \qquad Y = W\rho = 一定$$

が成立するとき，密度効果の逆数式を導きなさい．

(5) 個体の平均占有面積を $s = 1/\rho$，平均胸高直径を D，平均個体重を w とし，

$$w \propto D^3, \qquad s \propto D^2$$

が成立するとき，w と ρ の関係を導きなさい．

引用文献

[1] Smith, S.E. and Read, D.J., 2008, *Mycorrhizal Symbiosis, 3rd ed*, Academic Press.
[2] 奈良一秀・寶月岱造，1996，日林論，**107**, 227-228．
[3] 菊地淳一・小川　真，1997，熱帯林業，**38**, 36-48．
[4] 二井一禎・肘井直樹編著，2000，森林微生物生態学，朝倉書店．
[5] 二井一禎他編著，2012，微生物生態学への招待，京都大学学術出版会．
[6] 鈴木和夫編著，2004，森林保護学，朝倉書店．
[7] Hairston, N.G.J. and Hairston, N.G.S., 1993, *Am. Nat.*, **142**, 379-411.
[8] 金子　繁・佐橋憲生編著，1998，ブナ林をはぐくむ菌類，文一総合出版．
[9] 鎌田直人，2005，昆虫たちの森，日本の森林/多様性の生物学シリーズ 5，東海大学出版会．
[10] 鈴木和夫編著，1999，樹木医学，朝倉書店．
[11] 垰田　宏・井上敏雄，2001，最新 樹木医の手引き，318-349，日本緑化センター．
[12] 倉田益二郎，1949，日林誌，**31**, 32-34．
[13] 佐橋憲生，2004，菌類の森，日本の森林/多様性の生物学シリーズ 2，東海大学出版会．
[14] Janzen, D.H., 1970, *Am. Nat.*, **104**, 501-528.
[15] 伊藤進一郎・山田利博，1998，日林誌，**80**, 229-232．
[16] 小林正秀・上田明良，2005，日林誌，**87**, 435-450．
[17] 日本森林技術協会，2012，ナラ枯れ被害対策マニュアル，日本森林技術協会．
[18] 福田秀志・前藤　薫，2001，日林誌，**83**, 161-168．
[19] 長池卓男，2002，日生態会誌，**52**, 35-54．

- [20] 山浦悠一・由井正敏，2008，森林技術，**790**, 8-11.
- [21] 尾崎研一・山浦悠一，2011，森林技術，**830**, 24-25.
- [22] 柴田叡弌・日野輝明編著，2009，大台ケ原の自然誌，東海大学出版会.
- [23] 正木　隆・岡　輝樹，2009，森林科学，**57**, 13-17.
- [24] 水谷瑞希他，2013，日林誌，**94**.
- [25] 上田恵介編著，1999，種子散布 1, 2，築地書館.
- [26] 安藤　貴，1968，林業試験場報告，**210**, 1-153.
- [27] Kira, T. et al., 1953, *J. Inst. Polytech.*, Osaka City Univ. D4, 1-16.
- [28] Shinozaki, K. and Kira, T., 1956, *J. Inst. Polytech.*, Osaka City Univ. D7, 35-72.
- [29] 穂積和夫，1973，植物の相互作用，共立出版.
- [30] Yoda, K. et al., 1963, *J. Inst. Polytech*, Osaka City Univ. **14**, 107-129.
- [31] 只木良也他，1979，林業試験場報告，**305**, 125-144.
- [32] 鋸谷　茂・大内正伸，2003，図解 これならできる山づくり 人工林再生の新しいやり方，農山漁村文化協会.
- [33] 南雲秀次郎・箕輪光博，1990，測樹学，地球社.
- [34] Mueller-Dombois, D. and Ellenberg, H., 1974, *Aims and Methods of Vegetation Ecology*, Wiley & Sons.
- [35] 日本林業技術協会編，2001，森林・林業百科事典，丸善.
- [36] 小山泰弘・山内仁人，2011，長野県林業総合センター研究報告，**25**, 29-44.

第 8 章
変動環境と樹木の成長

要　点

(1) 変動環境に対する樹木の成長応答について，光合成機能を窒素の分配の視点から事例紹介を行い，解説する．
(2) 高 CO_2 環境での森林の生態系レベルでの応答を紹介する．
(3) 間伐等の保育によって，森林の CO_2 固定機能や温室効果ガスの大気への放出を軽減する方針を紹介する．

キーワード

二酸化炭素，窒素沈着，光合成機能，林分構造，保育

　我々の育林技術の基礎は，長期間に渡って安定した大気環境下で構築されてきた．しかし，急激な増加をし続ける大気中の CO_2 濃度，窒素酸化物の沈着量の増加，越境大気汚染とされる地表付近 O_3 濃度の上昇等森林樹木にとっての生産環境の変化とその応答を述べ，予測される生産環境での森林の更新と保育方法について概説する．

8.1　環境の時空間的変動と森林の応答

　植物の生産環境は産業革命以来，大きく変化し続けている．温暖化を引き起こす作用を放射強制力とよび，これを備える温室効果ガス（Green House Gas, GHG）は大気中の存在割合から，その影響力と注目度合いが異なる．CO_2，メタン（CH_4），亜酸化窒素（N_2O），O_3 が上位を占める．これらのほかにフロン類や水蒸気が続く[1,2]．これら上位 4 種のガスは，植物の生育を通じて我々の生活環境へも様々な影響をもたらす．森林管理の一環として GHG とされる CO_2，CH_4，N_2O の放出を軽減する方法を導入することも地球規模の環境変動を考えると重要である．

　窒素沈着と CO_2 の複合的影響が見られるように，GHG は互いに関連し合って森林へ作用する．そこで，長い間安定していた生産環境下で構築された従来の伝

統的施業法の持つ環境保全の意味を考えたい．とくに CO_2 は植物の物質生産を担う光合成作用の基質であり本章でも重点的に扱う．

8.1.1. 二酸化炭素環境

根系の成長に制限のあるポット栽培を用いた従来の実験結果からは，高 CO_2 環境で一定期間を生育すると光合成作用や成長が停滞する樹種の多いことが分かった．この原因としては，次の理由が考えられる[3]．

施設園芸での「CO_2 施肥」の用語にあるように CO_2 は肥料のような働きをするので栄養のバランスが大切である（スプレンゲル・リービッヒの最小律）．生育環境が高 CO_2 になっても，植物が根を伸ばし続けて養分を吸収することには限界がある．そのため，高 CO_2 処理によって成長が急激に促進され，結果的に植物体の栄養バランスが崩れるが，とくに窒素が欠乏しやすい．そして，光合成速度が上昇し大量の光合成産物ができても，メロンのようにただちに肥大して光合成産物を貯める器官（シンク）が樹木にはない．このため，CO_2 濃度から期待される光合成速度が見られない「負の制御」が生じる[3,4]．さらに光合成に関連する酵素の生産と活動が遺伝子の発現によって調節される．これらの原因の説明は人工気象室で得られた結果を基礎にしている．では，野外条件では高 CO_2 によって何が生じるのであろうか．

主に，北半球の自然に近い条件で実施された CO_2 増加（開放系大気 CO_2 増加：free air CO_2 enrichment，FACE）実験の結果からは，成長量はやや増加する傾向が示された[5-7]．大規模でかつ長期間実施されたアメリカ東南部に位置するデュークFACEは，テーダマツ人工林に設けられた．CO_2 付加後の3年間は葉量と成長量の増加が見られ，これらは施肥区でのみ明瞭であった[8]．その後，4年間は成長が停滞したが，CO_2 付加処理では，無施肥であっても8年目からは再び成長が増加した．これは後述するが，土壌でのリター（落葉・落枝）からの養分の無機化が制限になっていた可能性を示唆している．

環境変動の影響が大きいとされる中高緯度に位置する北海道FACEは2040年頃の高 CO_2 (500 ppm) を想定し，褐色森林土と軽石を多く含む未成熟火山灰土壌区を設け，落葉樹11種の初期成長を調べた[3,4]．その結果，成長の速いシラカンバとウダイカンバが3年目には上層を占めて枝葉が繁茂した．これは世界各地の樹木を対象にしたFACEと同じ傾向であった[7]．高 CO_2 環境では栄養バランスが維持される間は光合成が促進され，新しい器官（シュート＝枝＋葉，根，幹の

肥大等）が生産される．とくにシュートは成熟すると葉の光合成活動がさらに増す．この傾向はいわゆる自由成長型の樹種に広く見られる[4]．

耐陰性の高いブナとイタヤカエデでは，下層に置かれたが木漏れ日の利用能力が高く維持された．事実，高CO_2（500〜720 ppm）では，調査したカラマツとウダイカンバを除く個葉の光補償点がやや低下する傾向があった[3,4]．このため，高CO_2では，ある種は生存できる可能性がある．また，ブナでは11年間，高CO_2環境で成長し続けたが，木部の解剖特性に対照区との差はなかった[9]．

8.1.2 林分構造の変化

大気CO_2濃度が増加すると上層木の葉量が増え，葉面積指数（leaf area index, LAI：$m^2 m^{-2}$）が増加し，それとともに林床へ届く光量が減少する．この傾向は，熱帯林のデータを用いたシミュレーションからも指摘された[10]．この予測は大気CO_2濃度が約550 ppmに達すると常緑樹林の林床の相対光量（照度で計測された）は5%以下になり，多くの更新稚樹の生存は困難になることを示す（図8.1）．ここで，林床で稚樹が生育できる明るさの目安を再考する（表8.1）．この表中の数字は，直達光が再現できる角材を用いた格子

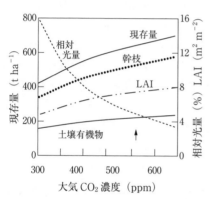

図8.1 増加するCO_2濃度による現存量の増加と透過できる光量の変化（Oikawa（1986）[10]から作成）
上向き矢印は相対照度が5%になるCO_2濃度を示す．

表 8.1 照度と前生稚樹の成長（原田（1954）[11]，Koike（1991）[12] より作成（第4章参照））

相対照度 (%)	絶対照度* (klux)	前生稚樹の更新と成長の程度
0〜5	0〜0.3	大部分の樹種の更新は期待できない
5〜10	0.3〜3.2	前生稚樹（陰樹）の成長が始まる
10〜20	3.2〜9.0	前生稚樹（陽樹）の成長が始まる
20〜30	9.0〜15.0	大部分の稚樹の成長が継続される
30〜50	15.0〜27.0	更新した稚樹が繁茂する
50 以上	27.0 以上	更新した稚樹は良好な成長をする

*絶対照度の値は，裸地での照度が50 klux以下の曇りの日の林内での測定値である

づくりの被陰小屋での値と散光成分のみで光量を調節できる被陰格子で被われた小屋での実験結果である．相対光量が5～10%で陰樹の成長が始まり，10～20%で陽樹の成長が始まる．20～30%では大部分の樹種の成長が維持される．したがって陰樹以外の稚樹は高 CO_2 であっても生存は難しくなる．

Oikawa の研究[10]は熱帯の常緑広葉樹林を対象としているので，落葉樹林では LAI の上限値が異なる．実際，北海道 FACE の研究結果では LAI は瞬時的に5に近づくが持続せず，通常2～3程度であるカンバ類の小林分では高 CO_2 によって3.5～4.5に達した．したがって，林床では10%程度の明るさが維持され，耐陰性の高い樹種の更新は維持されることになる．北海道の森林植生と酷似したアメリカ北東部での予測では，耐陰性のあるカエデ類とトウヒ類が将来優占するという[13]．さらに，将来環境ではハリケーン等の攪乱が増え，陽性のカンバ類が侵入し，一定の割合を占めると予測されている．

なお，森林構造仮説でも紹介したが，林冠からの木漏れ日や側方光は更新稚樹の生存を左右する．また，木漏れ日に対する気孔コンダクタンス（通道性）の応答の差が樹種特性を反映する（第4章参照）．

8.1.3 葉面積指数の推移と病虫害の影響

光合成生産は光の遮断量から推定されており，LAI と高い正の相関を示す． CO_2 付加2年目までは FACE 区内での LAI は土壌に関わらず，対照区の1.3～1.5倍で推移した．落葉樹林の LAI は1960～70年代の国際生物学事業計画（IBP）での調査では，強光利用種では約 $3\,m^2\,m^{-2}$，弱光利用種で約 $5\,m^2\,m^{-2}$ とされたが，FACE では最大約 $7\,m^2\,m^{-2}$ まで上昇した．これまでの報告にあるが，LAI は

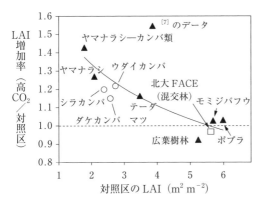

図8.2　高 CO_2 条件での葉面積指数（LAI）の増加率（小池他（2013）[3]より）Norby and Zak（2011）[7]のデータ（黒色）に北大 FACE のデータ（白抜きのデータ，江口他，未発表）を追記した．

高 CO_2 では通常の CO_2 環境に比べて約 1.5 倍に達する（図 8.2）．しかし，CO_2 付加 3 年目，LAI が最大値に達するはずの夏に虫害によって低下した．この低下は樹木個体間の相互被陰が始まる前に見られ，とくに貧栄養の火山灰土壌区で顕著であった[3]．

病虫害によって樹冠葉面積が激減することが落葉樹ではよく見られる．カラマツハラアカハバチ等の食葉性昆虫の食害は北海道各地で見られる．虫害が発生すると仮に LAI の値が適切と認められても，葉肉部分がないと光合成機能はない．これは光合成生産を推定するモデル化には注意を払うべき現象である．以下に事例を紹介する．

北海道 FACE では火山灰土壌の貧栄養土壌（主にリンと窒素が不足）と富栄養土壌を設けた．貧栄養で生育したケヤマハンノキは CO_2 付加後 3 年目の春にも開葉した葉が食われて，夏までに枯死した．落葉樹では光合成産物は幹，枝，根に蓄えられるため，樹冠葉の 70% 程度食われても単年であれば枯れないが，本種ではほぼ 100% の激害が 2 生育期に渡って続き枯れた[3]．

一般に高 CO_2 で育成された個体では，二次代謝産物（縮合タンニン等）が増加して被食防衛能が増加し，植食者による葉の食害は低下する．また，貧栄養では栄養分が制限となり食害後に再生することが難しいため，一般に被食防衛能が高い．事実，高 CO_2・貧栄養条件では多くの樹種で被食防衛能が高く，この傾向はブナやイタヤカエデ等，葉の寿命の長い樹種で顕著であった．一方，通常大気 CO_2・富栄養土壌では被食防衛能は低下し，虫害も顕著であった[14]．

しかし，ケヤマハンノキでは土壌の栄養環境と被食防衛の傾向が大きく異なり，高 CO_2・貧栄養条件でも枯死が顕著であった．これは貧栄養条件では他の樹種の被食防衛能力が高く，ケヤマハンノキへの食害が多かったことに起因する．一般に，放線菌の一種であるフランキア属根粒の窒素固定活性は窒素の少ない環境で高い．さらに高 CO_2 では宿主の光合成能力が上昇して炭素固定が進み，この根粒がシンク（炭素消費部分）となって窒素固定がさらに進み，宿主の光合成能力が増加するという循環が生じ，結果として虫害に遭いやすくなったと解釈される[3]．

この事実から大気-植物の直接的な関係のみによって植物の機能が規定されるのではなく，根粒菌を着けるマメ科の多くの樹種も含め，高 CO_2 環境での共生微生物の活動が関与する「間接効果」を指摘したい[3, 4, 14]．

環境変動を考慮した樹木に対する病害の研究例は少ないが，ミズナラ萌芽の解析例がある．高 CO_2 下では土壌条件に関わりなく「うどん粉病」への罹病率が低

下した[15]．すなわち，高 CO_2 では葉の化学的成分変化や葉のクチクラ層が厚くなって表面の強度は上昇するため，病原菌の侵入路が少なくなると思われる．

8.1.4 林床でのリター分解の変化

デューク FACE では CO_2 付加 4 年目から 7 年目までテーダマツの成長に高 CO_2 の影響が見られなかったが，この原因の一つに，土壌中の栄養塩の欠乏があげられる．これは栄養塩付加処理区では高 CO_2 でも成長が継続していたことからも分かる[8]．すなわち，一定期間を経て中型土壌動物や多くの微生物の活動が盛んになって分解系での養分の循環ができるようになりテーダマツの成長が再開したと推察する．

北海道 FACE での実験例では，高 CO_2 では上層木の葉量が増えリターが 4 年間で対照より 1.5 cm 程度厚く堆積していた．Ao 層に注目すると F，H 層がほとんどなく L 層が表面を覆っていた．そしてワラジムシやミミズの糞が多く見られた．葉の C/N は，対照（375～380 ppm）で生葉は 18～35，落葉では 40～50 付近であり，高 CO_2（500 ppm）では生葉は 18～48，落葉では 55～85 付近であった．被食防衛物質のタンニン量は高 CO_2 の落葉で高い傾向があった．

ここで，微生物が落葉を分解するには微生物体の C/N に近い値にまで落葉の C/N が減少する必要がある[16]．ミズナラ落葉の C/N は対照で 55 と高 CO_2 では 78 であったが，これを食べたワラジムシの糞の C/N は対照，高 CO_2 で 35，40 とそれぞれ半分近くに減少していた．ワラジムシは体内にタンナーゼという酵素を持つ菌を住まわせており，消化不良を起こす物質，タンニン類を分解できることが分かった[17]．生態系としての森林の動態は，このような土壌動物の活動にも注目する必要がある（第 5 章参照）．

森林からの CO_2 放出は土壌呼吸と総称される植物の根と根圏に生存する微生物の活動の結果と考えられる．従来の数多くの研究から，地温と土壌呼吸速度との間には指数関数的な関係が見られる[4]．したがって，CO_2 による温暖化環境が進行すると供給される C/N の高いリターの特性にも影響を受けるが，温度の影響はより直接的に土壌呼吸速度を左右する．ただし，北海道北東部やユーラシア極東地域のように降水量が約 700 mm 年$^{-1}$ 以下の乾燥する場所では土壌水分が制限になる[18]．

微生物の働きは大きいが，土壌呼吸に占める割合はかつて 20～90% とされ，正確な推定値が示されなかった．その後，北欧のヨーロッパトウヒ林を対象にし

た調査では，根元に剥皮処理を行い，処理前後の土壌呼吸を比較することで共生菌類への炭素分配を推定した．この結果，土壌呼吸の約50%は共生菌類の呼吸であることが示された[19]．これらをまとめると陸域生態系の全土壌呼吸量に占める微生物呼吸量の割合は最大70%であることが推定された[18]．したがって，わずかな地温上昇であっても土壌からの呼吸速度の増加は極めて大きいので，下層植生等によるCO_2の森林内での再固定が重要である．この点は後述する．

8.1.5 メタンの放出

質量ベースでCO_2の23～25倍の温室効果を持つCH_4に注目する．CH_4は酸素がないか極めて乏しい嫌気性条件で活動するメタン生成菌が生産する．釧路湿原等地下水位の高い場所に成立するヤチダモ林からは，滞水状態で幹に発達する通気組織（エアレンチマ）を通じて湛水した土壌深層からCH_4放出が行われていることが見出された[20]．

これまでの調査からは，森林の林床にはリターが積もっていて，森林土壌表層の多くは好気的環境のためCH_4の消費源と考えられてきた．事実，平均すると$6.9\,\mathrm{kg\,ha^{-1}\,年^{-1}}$の$CH_4$消費量と推定された[21]．欧米の報告と比べると日本国内の森林土壌は単位面積あたりのCH_4消費量は約2倍大きい傾向がある．この理由は，我が国では軽石を含む火山灰由来の土壌が広く分布し，空気が多く含まれる孔隙組成から，通常の土壌に比べるとCH_4消費量が多いと考えられている[21]．メタン酸化菌によってCH_4は最終的にCO_2として放出されるが，CH_4よりCO_2の方が温室効果は小さいため温暖化軽減につながる．高CO_2環境がさらに進行すると生じる新たな環境変化も指摘しておく．

褐色森林土に設定された北海道FACEの2040年頃の高CO_2（500 ppm）のカンバ類，ブナ，ミズナラ，イタヤカエデ等の林床におけるCH_4の消費量は，対照区（380～390 ppm）の半分程度になることが分かった[22]．さらに，不均質であっても，ところどころCH_4を放出している場所も確認された．この理由として，高CO_2では閉じた気孔の割合が大きいため樹木の蒸散が減る，上層木の葉が繁茂するため林床へ届く光量も減る，等の理由で林床が嫌気条件になり，消費源から放出源へ転じることが示唆された．

このようにCO_2濃度が上昇し続けるとCH_4の森林からの放出量も増加すると考えられる．さらに，大気循環モデルからは中緯度地帯では降水量が増加する事も見込まれているため，耐湿性のある樹種の選抜とともにCH_4放出抑制の技術も開

発が期待される．

8.1.6 亜酸化窒素等の放出

従来，森林土壌では窒素は不足気味とされ[23]，脱窒はあまり考慮されていなかった．生態系レベルでの窒素動態に関連して，4つのステージが Aber 他によって提唱された[24]．

ステージ0：窒素が木々の成長を制限する状態で，健全な森林．

ステージ1：影響が出始める段階．窒素が与えられることで森林としての成長が促進される．

ステージ2：窒素飽和の状態．森林で必要とされる量以上に窒素成分が供給される．

ステージ3：窒素飽和によって森林の衰退が起きる状態．栄養バランスが崩れ細根が減少し，森林が衰退する．

このステージ2,3になると森林衰退は深刻である[25]（図8.3）．事実，増加し続ける窒素沈着と人工林の壮齢化に伴って，窒素飽和が我が国でも報告されて久しい[26]．

窒素はリター中の窒素化合物が複雑な過程を経て無機化され植物に利用される（第5章参照）．その概要は次の通りである．落葉・落枝のタンパク質が分解され

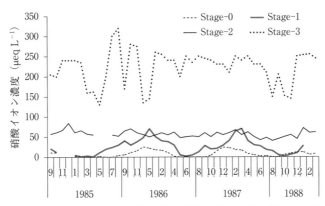

図8.3 節変化における Aber 他のいう窒素飽和の Stage 別のパターン（古米他（2012）[25] より作成）
Stage0,1：季節変化が見られる．Stage2（窒素飽和になるとパターンが分からなくなる．Stage3大量の硝酸イオンが流出する）（100 µeq L^{-1} は 1.4 mg-N L^{-1} に相当する）

アミノ酸になり，アンモニウム化成菌が作用してアンモニウム態窒素（NH_4^+-N）になるが，この菌は従属栄養生物のために土壌中の溶存有機炭素量が反応を左右する．次いで独立栄養生物の硝酸化成菌が硝酸態窒素（NO_3^--N）を生産する．NO_3^--N を植物と微生物が利用するが，微生物が取り込むと不動化（有機化）し，植物は窒素が土壌中にあっても利用できない．また，硝酸態窒素は負に帯電し，土壌コロイドも負に帯電しているため反発し合い降雨等によって硝酸態窒素は容易に流亡する[27]．

硝酸態窒素の流亡を軽減するため，北欧では河川に沿った河畔林は残し，緩やかな斜面であれば下部の林を伐採してから，上部を収穫して主に硝酸態窒素の渓流への流出を防ぐ[28]．また，過剰な窒素が河川を通じて沿岸へ流れ込むと珪藻類が利用するが，珪素が不足してくると利用できなくなる．その分を渦鞭毛藻類が利用し，それらを食べたホタテ貝には貝毒が発生して漁業へ悪影響を与える[29]．北海道では農耕地をヤナギ類で囲ったり，斜面の林は伐採しないで森林植物に利用されなかった窒素の固定を意図した管理が一部で行われている．

脱硫装置の発達によって我が国の工業地帯からの硫黄酸化物（SO_x）の放出量は 1970 年代に比べると低い水準にある．しかし，窒素酸化物（NO_x）は燃料そのものに含まれているのではなく，燃料が高温で燃焼するときに空気中の窒素自体が酸化され NO（$N_2 + O_2 \rightarrow 2NO$）として発生する．窒素除去装置も開発されたが自動車には装着できず，NO_x が漂うことになる[29]．これが過剰窒素やオゾンの前駆体になりさらなる環境悪化を引き起こす．

北日本の有望な造林樹種であるグイマツ雑種 F_1 の 3 年生の若齢林に酸性雨を模して硝酸アンモニウム（NH_4NO_3）を 3 年間付加し続けたときに，N_2O としても林床から放出されていた[30]．ここで GHG として深刻な N_2O は，硝化（$NH_4^+ \rightarrow NO_2^- \rightarrow NO_3^-$）に続く脱窒（$NO_3^- \rightarrow NO_2^- \rightarrow NO \rightarrow N_2O \rightarrow N_2$）の過程で発生し，この硝化の過程で窒素飽和の影響を強く受ける[31]．一般に落葉前に窒素は回収されて新しい葉へ移動するが，貧栄養土壌であれば回収率（樹体内転流）は高い[23]．

8.2　対流圏オゾンの物質生産への影響

O_3 はかつて局所的な環境汚染物質として 1970 〜 80 年代前半に我が国では研究が行われた．その後，欧州の森林衰退を説明する要因として注目を集め，欧米を中心に研究が行われた[23]．我が国では先駆物質の発生が抑制された結果，1980 年

代半ばには大気浄化の達成が謳われた．しかし，1990 年代から再び西南日本と本州の日本海側を中心として地表付近に高濃度の O_3 が検出され森林の衰退も報告されている[32]．

8.2.1 対流圏オゾンの動態

オゾンホールとの関係で知られるのは成層圏（地上約 11～60 km）に存在する O_3 である．太陽からの有害な紫外線（UV-C，部分的には UV-B）を DNA が吸収して壊れ，生命は生存できなくなる．この紫外線を成層圏の O_3 が吸収して，現在のように地球上に生き物が生活できるようになった．これに対して対流圏（地表付近～約 11 km まで）の O_3 濃度が急激に増えてきた[30]．O_3 は窒素酸化物（NO_x）や揮発性有機化合物（VOC）等と紫外線の作用によって局所的にも生産されるが，偏西風に乗って風上の国々からも我が国へ大量に到達し始めた．強力な酸化剤でもある O_3 は気孔を通じて体内へ取り込まれ，植物を痛めつける[2,33]．

北米と欧州では森林の衰退の主な原因として注目されてきたが，最近，我が国でも 100 ppb（= 0.1 ppm）を超える高濃度 O_3 が検出されている．関東の丹沢山系のブナ，赤城のモミ，北海道東部の摩周湖外輪山のダケカンバ林の衰退に関連して，その影響評価が急がれている[33]．全球レベルでの研究から，対流圏 O_3 の増加によって，植物の総生産力が最大 30 % 程度抑制されることも予測された[34]．

8.2.2 オゾンの森林への影響

ドイツ・ミュンヘン郊外で，樹高約 35 m のオウシュウブナに低濃度（外気の 2 倍濃度，約 60 ppb）の O_3 を開放系システムによって 8 年間付加した実験からは，幹の成長量が対照に比べ 44% も低下し，梢殺が認められた（図 8.4）．これは，肥大成長の抑制が樹冠内で起きており，胸高部位での計測だけでは分からなかった．しかもノルウェートウヒではこの傾向は明確ではなかった[35]．このような環境応答の種間差がさらなる生物間相互作用と多様性を生み出す．

日本の主要樹種の成長への影響評価が

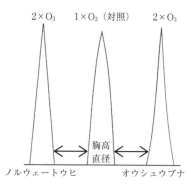

図 8.4 大気オゾン濃度を 2 倍にして 8 年間付加した樹幹の形状（渡辺・山口 (2011)[36] から作成）

従来の胸高部位での調査からは検出できなかったオゾン付加の影響がオウシュウブナでは梢殺として見られた．ノルウェートウヒには影響がなかった．

AOT40（accumulated exposure over a threshold of 40 ppb：O_3 濃度が 40 ppb 以上のときの濃度と時間の積算値，ドース［濃度×時間］）を基準に算出された[33]．さらに，窒素沈着量が 0, 20, 50 kgN ha^{-1} 年$^{-1}$ と増加し，土壌中の窒素分が増えるとカラマツでは O_3 感受性は低下する傾向があった．反対にブナでは O_3 感受性が増加することが示された[36]．アカマツ，コナラ，スダジイでは変化が小さく，とくにスギでは応答が小さいことが分かった[33]．しかし，樹種特性の例に見られるように，同じ濃度であっても O_3 への応答は樹種によって異なり，さらに正反対の反応を示すことがある．そこで，吸収量ベースでの評価を行う必要が出てきた[2]．

O_3 吸収量の推定には，葉内組織と大気との間のガス濃度差と拡散抵抗により記述されるモデルが用いられてきた．拡散抵抗モデルは，大気中と葉との間の水蒸気および CO_2 に関するガス交換の解析に広く用いられており，O_3 の場合も同様に扱うことができる．生育初期には気孔が閉鎖気味で後期には気孔反応速度の低下が見られた．O_3 吸収量推定時に，O_3 に関する気孔コンダクタンスを考慮しなかった場合と，考慮した場合を比較したところ，積算 O_3 吸収量の推定値に約 20% の違いが生じた[37]．吸収量ベースのデータ集積が望まれる．

米国北東部では，土壌条件を揃えてクローン・ポプラの成長に対する O_3 の影響を都心から郊外まで調べた．その結果，交通量が多く大気環境が汚染されているはずの都心での成長が良く，空気がきれいだと思われていた郊外での成長が抑制されていた．これは郊外の O_3 濃度が高いことが原因と考えられた．都心では，ディーゼルエンジン車からの排ガス（主に NO）と O_3 が反応した結果，NO_2 が生成され（NO＋O_3 →［紫外線］→ NO_2），O_3 濃度の低い環境であった[38]．皮肉な結果であるが樹林地の造成と整備では注目すべき内容であろう．

8.3 環境変動に対する光合成応答

間伐と枝打ち等の施業を行うときの光環境の変化を予測する研究はスギ，ヒノキ人工林を対象に数多く行われてきた[36]．しかし，これらには，窒素沈着の増大，越境大気汚染，地球温暖化によるという台風の多発生・ゲリラ豪雨等，急激に変化する環境変動の影響がほとんど加味されていない．バックキャスト（目標を設定して将来を予測する）的思考が現代ほど求められる時期はなかったためである．

物質循環の成果を基礎にした森林動態に関する研究からは，森林の扱いに関す

る指針もいくつか紹介された[39]．そこで，これらを基礎に，窒素沈着の影響を考慮した物質生産に直結する光合成反応の事例を数種について紹介し，今後の森林管理を構築する糸口としたい．

8.3.1 林内孔状地と木漏れ日

台風等の襲来が増え，小面積皆伐等による林冠の破壊が生じると，林内孔状地（ギャップ）が形成される．これに伴う更新稚樹の応答はギャップ形成の季節と規模に依存する．北半球ではギャップ内北側の光環境が良好であり，土壌表層は乾燥気味であるが，樹木等が蒸散で利用していた水が減少するため，ごく表面以外では土壌含水量は林床よりは高い傾向がある[40]．更新稚樹の応答は地上部と地下部の成長バランスが重要であるが，さらに葉の構造に関わる前形成のため光環境変化への応答にも時間を要することも注視する必要がある（第4章参照）[41]．

林内の地表1m付近でのCO_2濃度は，日中には大気CO_2濃度と同水準まで低下するが，下層に生育する低木や更新稚樹も含む下層植生は夕刻から早朝に現状では650〜700 ppm付近にまで増加するCO_2環境の影響も受ける．発達した森林であれば側方光が入り込むため高CO_2を林内に更新した稚樹がどのように利用するかが生存の鍵になる．

木漏れ日の特性は第4章で紹介した．林床で生育する稚樹にとっては，木漏れ日が当たってから光合成によるCO_2の吸収が始まるまでの光合成誘導反応（photosynthetic induction）が生存と成長を左右する[42]．ポプラ突然変異体を利用した実験によって気孔コンダクタンスの応答に種特性があり，CO_2濃度が高いと気孔コンダクタンスの影響が低減されることが分かった．なお，気孔コンダクタンスの応答から耐陰性に乏しい樹種では水分消費が少ないと考えられる．

8.3.2 耐陰性と窒素分配

森林では一般に窒素は不足しがちな養分と考えられている[23]．葉の窒素量と光合成速度との間には正の相関があり，同じ窒素量でも落葉樹の方が光合成速度は高い．これには，常緑樹では葉の細胞壁にまで窒素が分配される等葉内での窒素の分配が関与する[43]．

関東近郊では既に50 kgN ha^{-1} 年$^{-1}$を越える窒素沈着量が報告され，北海道でも日本海側では12 kgN ha^{-1} 年$^{-1}$に達している．窒素が増加することによって光飽和での光合成速度の増加や弱光の利用能力が上昇する可能性がある（図8.5）．

なお,光合成速度/葉内 CO_2 濃度(A/Ci)曲線と葉の全窒素,比葉面積,クロロフィル量を計測することで,葉内の窒素の投資先,集光系(light harvesting chlorophyll protein, LHCP),炭素固定系(Rubisco),電子伝達系への分配率が大まかに推定できる[44].ここでは樹種ごとに特徴のある窒素利用を耐陰性と葉の形態的特性に注目して紹介する.

a. 針葉樹

(1) スギ

針葉中の窒素含量と光合成の関係が解明されて以来,伝統的な植栽方法「尾根マツ,沢スギ,中ヒノキ」のうち,立地とスギの窒素分配の仕方には対応関係があった[45].当年針葉では春から夏にかけて窒素含有率が増加し,冬に向かって低下する傾向が見られた.被陰下であっても当年針葉の面積あたりの窒素量が増加したのは,針葉の成熟に時間を要した結果であった[46].被陰格子を利用し光と窒素の影響を調べたところ,林業品種シャカインでは,面積あたりの最大光合成速度と窒素含量は生育光強度が高くなると増加し,窒素付加量が多いほど高い値を示した.針葉の窒素量と光飽和での光合成速度との間には,正の相関があった[47].

(2) チョウセンゴヨウ

朝鮮半島での主要造林樹種でもあり,マツ属の樹種としては耐陰性が比較的高く,また,大気汚染にも耐性がある[48].五葉マツであり葉の構造から側方光を効率よく利用できることが示された[49].苫小牧の天然下種更新した幼樹の2年生針葉の窒素分配率を推定した結果,相対照度が約70%のギャップ地に生育する個体では,炭素固定系への分配率は春から夏に約9%と一定であったが,集光系への窒素分配率は春に10%,夏には17%であった[49].ここで2年生針葉に注目するのは,針葉が成熟するために約2年必要だからである.窒素濃度(乾重あたりの窒素濃度)は葉面積重(LMA:比葉面積の逆数)を変化させることで光環境に応答していた[50].また,林冠ギャップに生育する個体では強光

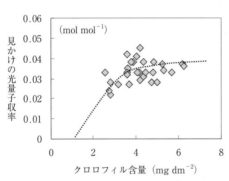

図 8.5 クロロフィル含量と見かけの光量子収率との関係(小池未発表)
北海道産の落葉広葉樹 30 種の光-光合成関係から作成した.測定時の CO_2 濃度は 375 ppm であった.クロロフィル含量が 5 mg dm^{-2} 以下では当該樹種にとって窒素が不足気味であることを示唆する.

阻害を受けていた可能性がある．

なお，韓国のミズナラ林に更新したチョウセンゴヨウの林分では，上層木のミズナラの開葉する前と上層の繁る夏では針葉中の窒素の分配率は，上層木の発達と光環境に対応した変化を示した．すなわち，Rubiscoへの分配は春から夏に約12〜14%と一定であったが，集光性タンパクへは春に18%，夏には41%であり林冠閉鎖に伴い，集光部位への分配が増加した．

(3) グイマツ雑種 F_1

成長速度が早く木部比重も 0.50〜0.55 と高く，木質資源として有望である．低コスト造林の流れもあり疎植が推奨されるが，落枝がどの光強度で生じるかは節の形成と関係し，幹の強度と直結する．したがって節の少ない構造材を期待するなら，これは重要な情報である．窒素が増加するとクロロフィル含量が増加して弱光の利用能力が上がって耐陰性が高まり，落枝の光環境が低下する可能性がある．

樹冠上部では，炭素固定系への分配は 35% 程度，集光系へは 15〜20% で，相対照度が約 20% の陰樹冠でも，炭素固定系には 30〜40% で，集光系への分配は 16% であった[50]．陰樹冠での集光系への窒素分配が小さいのは耐陰性のないカラマツ属の応答と考えられる．したがって，F_1の樹冠内における窒素の分配の仕方は主に光環境によって制御されている[47,51]ことが分かった．$50\,\mathrm{kgN\,ha^{-1}\,年^{-1}}$ の窒素付加によって，初期 2 生育期間ではやや針葉量が増加し成長が促進されたが，その後，8 年間の促進効果はなかった．

b. 広葉樹

(1) 常緑広葉樹

常緑樹では葉の寿命を延ばすために細胞壁を厚くしたり，窒素を防御物質に投資したりするので窒素あたりの最大光合成速度が低下する[37]．また，細胞壁へも窒素が投資されているため，落葉樹や草本に比べると窒素利用効率（窒素あたりの光合成速度）は低い．窒素分配の傾向は常緑針葉樹と類似であるが，余剰になった窒素が炭素固定系の Rubisco へ一時的に貯蔵されることがある[52]．

多くの植物，とくに落葉広葉樹の葉面積あたりの光合成速度は，葉長が約 80% 完成する時期に最大となる[53]．しかし，熱帯ではハンカチのように淡い赤，黄，白緑の幼い葉が現れ，一定時間を経て成葉になる（遅延緑化：delayed greening）ものも見られる．緑が濃くなるまで，光合成速度は低く，その後，1〜2 週間を要して葉緑体が充実する[54]．これには虫害を回避する働きがある．一年生草本植

物の葉の大部分は自ら生産した光合成産物によって形成されるが,常緑広葉樹の葉を構成する物質の大部分は植物体の他の部分から転流されてくる.なお,熱帯多雨林の林冠構成樹種の陽樹冠では,柵状組織が3層にも発達し,2800 μmol m^{-2} s^{-1} にも達する陽光を利用している[55].

(2) 落葉広葉樹

葉の窒素利用能力は常緑葉より高い.葉に含まれる窒素の分配率は光環境の影響を受ける.カラマツ不成績造林地に侵入した落葉広葉樹幼樹の葉内部での窒素分配は上層木の葉の生物季節に大きく左右される[44].例えば,開葉が早いシウリザクラは上層木が開葉するまでは炭素固定系への分配率は約 23% で,集光系は 8% であった.しかし,上層林冠が閉鎖すると炭素固定系へは 18% であったが集光系へは 25% も分配された.上層木が落葉すると春先の窒素分配率へ戻った.

以上のように前生稚樹の成長を支える光合成能力は,葉の窒素含量の分配からも巧妙に調節されていることが分かる.

8.4　環境変動下での森林管理の方向

ここで重視すべきは,人工林や樹林地等を造成したならば,適切な管理をし続ける必要があること,そして持続可能な森林資源管理が,地球環境問題を引き起こす温室効果ガス(大気中の CO_2, CH_4, N_2O, O_3)濃度の削減にも貢献できることである.

8.4.1. 持続可能な森林造成法

欧州中部では,1990 年代から主に冬季の突風害によりノルウェートウヒ人工林が幹折れを生じ,壊滅的な被害を受けた.生態系サービスの視点から,ドイツでは混交林化に関連して数多くのシミュレーションが行われ,長期には混交林化が持続的生産には相応しいという結果が得られた[56,57].それを基礎にノルウェートウヒ人工林を中心にブナ,ミズナラ等を導入する混交林化が進められている.これらは,150 年以上にわたるモニタリング資料(SILVA,プロット内部の立木位置図と各個体の樹冠を 8 方向で計測し続けている)を基礎に,大気環境変化(CO_2, O_3)を組み入れ,収穫・生産予測と収穫後の植え付けもにらんだ対話形式のシステムが構築されている[58].北米でも同じように生物多様性を保全する管理対策が進められている[59].

表 8.2 森林構成種の欧米とアジアの比較（日浦（2001）[61] から作成）

森林樹木の地域別種数

地域	広葉樹 (種，変種)		針葉樹 (種，変種)	
欧州	30	60	7	18
米国東部	110	220	13	30
西部	34	70	22	50
極東地域	150	400	26	100

SILVAによる森林管理モデルは，主にノルウェートウヒとオウシュウブナと，一部にオウシュウアカマツとナラ類を主たる経済林構成として対象としている．氷河期の影響で植生の単純な欧州中部[60]に位置するドイツでのシミュレーションは見事であるが，種数が極めて豊富な東アジア地域（表8.2）では欧州でのモデルを直接利用することは難しい．とくに積雪が多い日本海側の森林では，林床がササ類で被われているために，それらの生活史を熟慮したうえ[62]で，我が国の実情に合った地域毎の独自の施業の確立が求められる[63-65]．

ドイツでの流れは我が国も同じで，1954年の洞爺丸台風とほぼ同じ経路を辿った2004年の台風によって，北海道中央部を中心にトドマツやトウヒ類の人工林が壊滅的な被害を受けた．これを契機に混交林化の推奨とカラマツ類では1000本/haにまで疎植を行う提案がされた．我が国でも長期モニタリングの成果は北海道のカラマツ人工林の管理において成果をあげている[66]．一方では，地域経済もにらんだ「多種共存の森」づくり[65]が指摘されている．ゲルトリンゲン男爵の森として著名なドイツの混交林の経営方針は，「どのような時代になっても用途にも合った樹種を供給できる森」として混交林を位置付けている．

混交林化したときの問題点は，保育と収穫時の複雑さ，煩雑さがまずあげられる．ドイツでは三圃式農業の伝統もあり，農耕地と平地林が連接する場所では保育，収穫も比較的容易に実施できる．しかし，我が国は急峻な山岳部を主な林業対象とするので，従事者の安全を確保しつつ管理を行うには作業道の開設[67,68]をはじめ高度な管理方法が望まれる[69]．

以下，人工林，天然生林を問わず現時点で考え得る森林管理への生理生態の視点を紹介したい．

8.4.2. 林分管理

人工林や樹林地を健全に育成するには，下層にまで十分な光が届くように上層木の本数を減らす，枝打ち等で側方光が林内へ入りやすくすること等があげられる[65,70]．また，都市部の樹林地であれば，ある程度見通しを良くすることも求められる．このような保育がなされていれば，世代を超えて豊かな森林資源の持続

管理の一助になる．以下，間伐の森林環境の管理の側面を紹介する．

森林はこれまでCH_4（質量ベースでCO_2の約23倍の放射強制力・温室効果を持つガス）の消費源とされてきた．先に述べたようにCH_4は酸素がないか，乏しい嫌気的条件で活動するCH_4生成菌が生産する．これまでの調査[21]からは，多くの森林の林床にはリターが積もっており，好気的環境であるため，CH_4の消費源と考えられている．しかし，高CO_2環境が進行すると状況は変化すると考えられる．

再掲するが，開放系大気CO_2増加（FACE）実験からは，高CO_2（500 ppm）に設定された2040年頃の林床におけるCH_4の消費量は，対照区（380〜390 ppm）の半分程度であった．さらに不均質ではあるがCH_4を放出している場所も確認された[71]．この理由として，高CO_2では植物葉の気孔は閉じ気味になるため樹木の蒸散量が減る．さらに，上層木の葉が繁茂するため林床へ届く光量も減る[3]．そのため林床の表層がより湿性で酸素の少ない嫌気条件になって吸収源から放出源へ転じることが示唆された．したがって，今後CO_2濃度が上昇し続けると，森林からのメタンの放出量も増加すると考えられる[22]．

人工林を造成したら，適切な管理をし続ける必要がある．例えば，CH_4発生に関連して，林床を好気的環境に変えるためにも上層木への間伐や枝打ち等を行って林床へ光を導入し，林床をやや乾燥させることで森林からのCH_4発生を抑制する．さらに，下層植生を繁茂させて土壌の侵食を防ぎ，土壌呼吸で放出されるCO_2をただちに固定するという視点が必要である．

保育の有効性を生理生態の視点から紹介する．間伐を行うことによって残された個体の光環境は改善されるが，さらに林冠部分ではCO_2供給にも役立つ[72]．平地の林分を1枚の大きな葉と考えると，間伐によって林冠に凹凸ができることで林冠表面に乱流が生じてCO_2が十分に拡散され，残された個々体の生産力は増加する．そして下層植生の生産速度も含めると，森林としての生産速度には頭打ちがあるものの最終的には増加する[61]．これは樹種ごとに異なる資源要求・利用特性（ニッチェ：生態的地位，ある種が利用する，あるまとまった範囲の環境要因）の違いに起因する[58]．ただし，風害への対策が，施業上，重要である．

大部分の樹種はC3植物であり，大気CO_2濃度が700 ppm付近まではほぼ直線的に光合成速度が増加する．したがって，CO_2濃度が大気環境以下になると光合成速度は制限されるので，各種の樹冠部への速やかなCO_2供給が重要になる．

間伐によって地上部の競争だけではなく，地下部の競争も緩和される[58]．これ

により残った個体の養水分の獲得に有利に作用する．同時に直射光が当たるため幹と地下部からの呼吸速度が増加する．幹の呼吸速度も指数関数的に増加するため温度の作用は大きい[73]．地温上昇のために放出されるCO_2をただちに固定できるように下層植生を発達させる．特に急峻な場所では，土壌侵食を抑える働きがある．事実，速水林業のヒノキ林では，充分な生育空間と大きな樹冠と豊かな下層植生によって持続的生産を実現し，我が国初の森林認証を得た[74]．同時に幹焼けが生じないように，林分での各樹種の樹冠の配置が望まれる．

次に枝打ちの意義を再検討する．集成材が発達し建築様式は大きく変化したが良質材は一定の役割を持つ[75]．ドイツ南部の人工林でも「将来木」には丁寧な枝打ちを施している[58]．初期密度にもよるが良質の構造材生産を目指すなら高さ8m程度までは枝を除く必要がある．この場合，樹冠長は樹高の35%程度を残し，光合成生産が低下しないようにする．これは，年輪幅を一定にするためには大径になるほど木部の生産量を増やす必要があるので，これを支える樹冠が必要になるからである．ただ，平地林の極めて少ない我が国での将来木施業には，様々な検証が待たれる[75]．

枝打ちの意義は，無節性で年輪幅のそろった材を生産することにある．とくにトウヒ類のように年輪幅が2mm程度で容積密度が最大になる樹種では，肥沃な場所に植えられた場合，毎年の肥大成長が大きくなりすぎると強度が維持できなくなる[76]．このためトウヒ類による構造材の生産を意図するなら，無節材生産を意図し，胸高直径が8cmに近付く前に枝打ちが必要である．とくにアカエゾマツでは枝打ち後のヤニの生産が1〜2年続くことや活力低下に伴うヤツバキクイムシの発生も考慮すると枝打ち時期は3〜5, 10, 11月がよい[77]．

さらに枝打ちにより林内の光不足を解消するとともに林内の見通しが改善され，火災発生時の延焼を防ぐ．スギでは枯れ枝から侵入して材質劣化（トビグサレ）を引き起こすスギノアカネトラカミキリの蔓延防止にも役立つ． ［小池孝良］

課　題

(1) 高CO_2環境での林分構造の変化を予測せよ．この場合，土壌環境は自ら定義せよ．
(2) 樹林地の育成に関して，都市内部のO_3濃度が郊外より低く，O_3による成長抑制程度が小さい理由を述べよ．
(3) 保育作業によって，森林のCO_2固定機能や温室効果ガスの大気への放出を軽減する方針を述べよ．

引用文献

[1] 気象庁，HP：http://www.jma.go.jp/jma/press/1309/27a/ipcc_ar5_wg1.html.
[2] Matyssek, R. et al., 2013, *Climate Change, Air Pollution and Global Challenges*, Elsevier.
[3] 小池孝良他，2013，化学と生物，**51**，559-565.
[4] 小池孝良，2006，植物と環境ストレス，伊豆田猛編著，コロナ社，88-144.
[5] Nowak, R. S. et al., 2004, *New Phytol.*, **162**, 253-280.
[6] Ainsworth, E.A., and Long, S.P., 2004, *New Phytol.*, **165**, 351-372.
[7] Norby, R.J., and Zak, D.R., 2011, *Annu. Rev. Ecol. Env. Syst.*, **42**, 181-203.
[8] Oren, R. et al., 2001, *Nature*, **411**, 469-472.
[9] 加村泰裕，2014，長期間の開放系大気 CO_2 増加実験によるブナの木部構造変化に関する研究，東京農工大学卒業論文.
[10] Oikawa, T., 1986, *Bot. Mag.* Tokyo, **99**, 419-430.
[11] 原田　泰，1954，森林と環境―森林立地論―，北海道造林振興協会.
[12] 小池孝良，1991，森林総研北海道支所・研究レポート，**25**，1-8.
[13] Bazzaz, F.A., 1996, *Plants in changing environments*, Springer Verlag.
[14] Koike, T. et al., 2006, *Pop. Ecol.*, **48**, 23-29.
[15] Watanabe, M. et al., 2014, *Eur. J. For. Res.*, **133**, 725-733.
[16] 岩坪五郎，1996，森林生態学，文永堂出版.
[17] 金子信雄，2010，土壌生態学，東海大学出版会.
[18] Luo, Y., and Zhou, X., 2006, *Soil Respiration and the Environment*, Academic Press.
[19] Högberg, P. et al., 2001, *Nature*, **411**, 789-792.
[20] Terazawa, K. et al., 2005, *Biogeochemistry*, **123**, 349-362.
[21] Morishita, T. et al., 2007, *Soil Sci. Plant Nutr.*, **53**, 678-691.
[22] 小池孝良他，2014，北方林業，**66**，284-287.
[23] Schulze, E.-D. et al., 2005, *Plant Ecology*, Springer Verlag.
[24] Aber, J.D. et al., 1989, *BioScience*, **39**, 378-386.
[25] 古米弘明他，2012，森林の窒素飽和と流域管理，河川環境管理財団.
[26] 大類清和，1997，森林立地，**39**，1-9.
[27] 徳地直子・小山里奈，2004，樹木生理生態学，朝倉書店，150-157.
[28] 神崎　康，1997，豊かな森へ，こぶとち出版.
[29] 波多野隆介，2009，森と海の関係は，北の森づくり Q&A，北方林業会，100-103.
[30] 畠山史郎，2014，越境する大気汚染，PHP 新書.
[31] Kim, Y.S. et al., 2012, *Atmos. Env.*, **46**, 36-44.
[32] Kume, A. et al., 2009, *Ecol. Res.*, **24**, 821-831.
[33] 伊豆田猛，2006，植物と環境ストレス，コロナ社.
[34] Sitch, S. et al., 2007, *Nature*, **448**, 791-794.

[35] Pretzsch, H. et al., 2010, *Env. Pollut.*, **158**, 1061-1070.
[36] 渡辺　誠・山口真弘，2011，日本生態学会誌，**61**，89-96.
[37] Hoshika, Y. et al., 2013, *Ann. Bot.*, **112**, 1149-1158.
[38] Hopkin, M, 2003, *Nature*, doi：10.1038/news030707-6, 2003，（船田　良訳，2004，遺伝 **58**，22-24）．
[39] 森林立地学会編，2012，森のバランス，東海大学出版会．
[40] Nakashizuka, T., and Matsumoto, Y., 2002, *Diversity and Interaction in a Temperate Foest Community*, Springer Verlag.
[41] Koike, T. et al., 1997, *For. Resour. Env.*, **35**, 9-25.
[42] Chazdon, R.L., 1988, *Adv. Ecol. Res.*, **18**, 1-63.
[43] Hikosaka, K., 2004, *J. Plant Res.*, **117**, 481-494.
[44] 北岡　哲，2007，北大演報，**64**, 37-90.
[45] 丹下　健，1995，東大演報，**93**, 65-145.
[46] 小林　元他，1994，日本林学会誌，**76**, 276-278.
[47] 小林　元・玉泉幸一郎，2002，日本林学会誌，**84**：180-183.
[48] Choi, D.S., 2008, *Eurasian J. For. Res.*, **11**, 1-39.
[49] Jordan, D.N., and Smith, W.K., 1993, *Tree Physiol.*, **13**, 29-39.
[50] Makoto, K., and Koike, T., 2007, *Photosynthetica*, **45**, 99-104.
[51] Mao, Q. et al., 2012, *Photosynthetica*, **50**, 422-428.
[52] Warren, C.R., and Adams, M.A., 2004, *Trends Plant Sci.* **9**, 270-274.
[53] Koike, T., 2004, *Plant Cell Death Processes*, L.D. Nooden ed., Elsevier-Academic Press, 245-258.
[54] Miyazawa, S.I., and Tearshima, I., 2001, *Plant Cell Env.*, **24**, 279-291.
[55] Kenzo, T. et al., 2004, *Tree Physiol.*, **24**：1187-1192.
[56] Knoke, T. et al., 2005, *For. Ecol. Manag.*, **213**, 102-116.
[57] Knoke, T., and Hahn, A., 2013, *Dev. Env Sci.*, **13**, 569-588.
[58] Pretzsch, H., 2009, *Forest Dynamics, Growth and Yield*, Springer Verlag.
[59] Lindenmayer, D.B., and Franklin, J.F., 2002, *Conserving Forest Biodiversity*, Island Press.
[60] Adams, J.M., and Woodward, F.I., 1989, *Nature*, **339**, 699-701.
[61] 日浦　勉，2001，科学，**71**, 67-76.
[62] 牧田明史，2004，ササの生活史特性，樹木生理生態学，朝倉書店，199-214.
[63] Matsuda, K. et al., 2002, *Eurasian J. For. Res.*, **5**, 119-13.
[64] 小池孝良他，2001，*Bamboo J.*, **18**, 1-14.
[65] 清和研二，2013，多種共存の森，築地書館．
[66] 八坂通泰他，2011，北海道林業試験場研究報告 **48**, 65-74.
[67] 酒井秀夫，2004，作業道―理論と環境保全機能―，林業改良普及協会．
[68] 山田容三，2009，森林管理の理念と技術，昭和堂．

[69] 湊克之他，2010，森への働きかけ，海青社．
[70] 小池孝良，2014，山林，**1568**, 6-14．
[71] Kim, Y.S. et al., 2011, *Jpn. J. Atmos. Env.*, **46**, 30-36．
[72] Koike, T. et al., 2001, *Tree Physiol.*, **21**, 951-958．
[73] 根岸賢一郎，1987，樹木の生長と環境（佐々木恵彦・畑野健一編著）養賢堂，247-296．
[74] 速水　勉，2012，日本林業を立て直す，日本経済新聞出版社．
[75] 藤森隆郎，2013，将来木施業と径級管理，日本林業調査会．
[76] 小池孝良，2009，北の森づくりQ&A，北方林業会，152-153．
[77] 北海道林業試験場，2002，枝打ち技術をみなおそう，HP：https://www.hro.or.jp/list/foest/research/fri/kanko/fukyu/pdf/cd-edauti.pdf．

第9章
森林の更新方法

要 点
(1) 森林を次世代へ引き継ぐために行う更新作業は，持続可能な森林管理を実施するなかで，将来の森林の姿を決定付ける重要な初期過程である．
(2) 人工更新と天然更新にはそれぞれ得失があり，人工更新ではコストの低減，天然更新では不確実性の低減がそれぞれ大きな課題である．
(3) 森林に望まれる期待の多様化，管理が進まない人工林の存在，低コスト林業への期待等，我が国の森林の現状に対応した技術の発展が望まれている．
(4) より良い森林を造る上で造林材料（種子・苗木）は極めて重要である．遺伝的に優れた種苗を作出するために林木育種が進められている．

キーワード
人工更新，植栽，天然下種更新，萌芽更新，林木育種，集団選抜育種

9.1 更新方法の種類

　森林の樹木が世代交代することを総称して更新（regeneration）という．何らかの理由（伐採等）で立木が失われた箇所を対象に，森林を再度仕立てるために行われるのが更新作業である．森林をつくる，という意味では，造林もほぼ同義で使われることがあるが，更新は樹木の初期定着により焦点を当てた用語である．更新作業は，目標に合致した森林をつくりあげるための最初の作業であり，長期にわたる森林の発達に決定的な影響を及ぼす．その意味で，更新作業は，森林の管理・経営システム全体のなかで決して独立した過程ではなく，その後の保育作業や伐採と関連付けて計画されなければならない．樹種特性や対象地の立地環境等の自然条件と，経営目的や市場の動向およびそれらの将来展望を含めた社会条件の双方を考慮することが必要である．

9.1.1 人工更新と天然更新

更新作業には様々な方法があるが，基本的な分類として人工更新と天然更新の区別がある．人工更新（artificial regeneration，慣用的には人工造林もよく用いられる）は，苗木あるいは枝条・根・種子等の植物材料を人為的に施工地に根付かせる作業のことをいう．一方，天然更新（natural regeneration）は，周辺からの種子の自然散布，あるいは対象地内に残る埋土種子や前生稚樹，根株等を材料として森林の再生を図る作業を指す．ただし，実際には，植栽した苗木と天然更新した稚樹をともに仕立てていく場合や，意図した更新が不十分なときに他の方法で補う場合があるので，単純に二分できないことも多い．

9.1.2 人工更新と天然更新の得失

人工更新においては，成立させようとする森林の樹種や品種（種子の産地や系統）の選択の自由度が高い．したがって，管理や経営の目的にあった森林を，ときには現状の森林を大きく変化させて，積極的につくり得ることが大きな長所である．また，周囲の林分の状況と関わりなく更新面積や伐採時期を設定できること，種子や苗木を計画的に確保しておけば毎年一定の面積ずつ実行できることも経営上の利点である．

一方，人工更新における自由度の高さは，ときとして更新適地の選択を誤ることを引き起こしてきた．とくに高標高・多雪地等で，人工更新地の一部が期待通りに成林せず，いわゆる不成績造林地を生じた事例が典型的である[1]．その点，天然更新は，その土地の自然条件に適合した樹種を，無理なく育て得る，という長所がある．また，植栽作業を伴わないため，コストを大幅に省くことができるのも天然更新の大きな利点である．ただし，天然更新施業後の林分の発達は一般に不確実性が高く，経済的に価値が低い樹種が優占する等，目的に合致しない林相を招く可能性も高い．これを避けるためには，母樹（種子の供給源となる立木）の量や配置・施工時期等を十分に考慮しながら，必要に応じて更新補助作業（後述）を加える等の入念な計画・実行が必要であり，総合的には，天然更新が必ずしも低コストとは限らないことには留意しなければならない．

9.2 人 工 更 新

人工更新は，使用する材料から，苗木を用いる植栽，種子を用いる播種，枝条

を用いる挿木（直挿し）に大別できる．このなかでは苗木を用いる方法がもっとも一般的である．

9.2.1 森林作業種との関係

人工更新は，皆伐施業（clear-cutting）と合わせて実施されることが多い．皆伐は，施工地内に広い空間を生じるため，植栽やその後の一連の保育作業にとって，地形条件が適せば機械力の導入が容易であることも含め，効率性の面で有利である．

ただし，皆伐施業によって一般的に成立する単一樹種からなる単層林（樹冠の高さがほぼ一様である森林）は，気象害や病虫害の発生，土砂の流出，生物多様性の保全の観点から懸念が示されることも多く，それらの欠点を補うため，皆伐の小面積化（皆伐の面積単位を小さくして複数配置する）や，長伐期化（皆伐林齢の大幅な引き上げ），広葉樹林化（広葉樹の混交の促進），複層林化（林冠下での植栽等による新たな樹冠階層の導入）等の技術の確立が課題となっている[2]．

9.2.2 人工更新に用いられる樹種

我が国では，人工更新で林業経営を目指す場合，スギ，ヒノキが主要な樹種である．また甲信地方や北海道ではカラマツ類が，北海道ではトドマツ，エゾマツ類が用いられる．マツ類も比較的よく用いられる．広葉樹が占める比率は全体の中では高くないが，天然林の修復や環境保全を主目的とする場合等，その利用は近年多くなっている[3]．

樹種の選択にあたっては，適地適木の語によく表されるように，まずは，仕立てようとする樹種が気候や土壌条件へ適合していることが基本となる．新しい樹種や品種を導入する際には，長期的な試行（造林試験）を行い，成長や材質，病虫・動物害や気象害への耐性を見極める．また，地力の維持等環境条件に与える影響の評価も必要である．上述のような不成績造林地を生じないよう，最新の知見に基づいた適地判定を行わなければならない．経営的な観点（材価や需要動向）ももちろん重要である．

なお，ほとんどの場合，一つの人工林内で同所的に仕立てる樹種は単一であるが，まれに複数種を生育しようとすることがある．利点としては，複数種が生育することにより，養分の利用効率が高まり物質生産力が増強されること，より多様な林分構造が提供され生物多様性に寄与すること，撹乱への耐性や回復力が高

まること等の可能性が示されている[4]．ただし，このような効果は樹種の組み合わせや生育条件によって異なると考えられ，成林後の管理方法も未確立であることから，導入のためには，今後実証的な検討が必要である．

9.2.3 地拵え

施工地では，苗木等の造林材料を持ち込む前に，まず落葉や落枝，林床植生，伐採跡地の場合には伐採木から切り落とされた幹枝の先端部等の林地残材を取り除く．この作業を地拵え（site preparation）とよぶ．その目的は，植栽作業を容易にするとともに，光や土壌養分をめぐる競争相手となる林床植生を除去して苗木の活着や成長を促すことにある．除去した枝条は，その後の作業の支障とならないよう適宜集積する．施工地の全面を対象に行う方法（全地拵え）の他，植栽の幅程度のみを処理する筋地拵えや，点状に行う坪地拵えに分類される．筋・坪地拵えは，被圧に弱い樹種では注意が必要であるが，苗木を寒風害から保護するために寒冷地・風衝地等で用いられる．また，筋・坪地拵えは（筋地拵えの場合は等高線に水平に行なうことによって）土壌の流出を防ぐ効果も期待できる．

地拵えにおける植生の除去は成長期間中に行うのが効果的である．条件が整った場合には機械が活用されることもあるが，急傾斜地が多い我が国では，刈払機等を用いた人力施工が依然多い．伐採直後に更新作業を行うとき，集材時に枝条や葉を持ち出す全幹・全木集材は，地拵え作業を軽減させることができる．また，周辺環境等への影響に懸念が少ない場合には，除草剤や火入れが用いられることもある．

9.2.4 植栽本数

植栽本数（密度）は，樹種の生育特性や立地条件，経済的条件によって決められる．標準より多ければ密植，少なければ疎植といわれ，通常1haあたりの本数で表される．

密植の利点としては，まず単木ごとの形質をよくすることがあげられる．材の年輪密度を高くする他，一般に幹の形状を完満・通直にし，節を少なくすることが期待できる．また，密植は，林冠を速やかに閉鎖させる．したがって，林床植生が多い立地において下刈回数を低減させるのに効果的である．一方，疎植は，植栽間隔を広く取ることによって，間伐時の材の搬出等各種の保育・育林作業を効率的に行い得る点が優れている．経営的な観点からは，間伐の実行の可否が植

栽密度と強く関わっており，具体的には，間伐によって生産された材が条件のよい収入につながることが，密植の一つの要件となる（密植では間伐時に形質のよい個体を選ぶ余地も大きい）．ただし，近年の，一般に間伐収入に多くを期待しにくい経営環境下では，間伐頻度が少ない疎植の方が有利と見なされる傾向が強い[5]．

樹種別にみると，スギは 2500〜3500 本/ha 程度が標準的である．ヒノキの場合は成長速度が遅いことから従来は植栽密度が比較的高かったが，林冠閉鎖後の林床植生の消失，表土の侵食を招くため，近年はスギと同様か，やや高い程度（2500〜4000 本）とされることが多い．一方，カラマツは疎植の弊害が少なく，密にすると風雪害を受けやすいので一般に 2000〜3000 本にする．マツ類は，曲がりを防ぎ，太枝を生じにくくするために植栽密度はやや高め（3000〜6000 本）である．広葉樹も，マツ類と同様，一般に幹が曲がりやすく主軸が明らかでないことから，比較的高い植栽密度の適用が基本である．

9.2.5 植栽作業

植栽（植え付け：planting）にあたって，苗木の配置は，等間隔とすることが多い（正方形植え）．しかし，植栽密度が低いときには，植栽列間を広くして列状に仕立てることもある．地域によっては，風雪害等を軽減するために，一定の間隔で保護樹帯を設ける方法，複数の苗木を集中させて植栽する方法（巣植）も用いられる．作業の時期としては，通常春芽が開く前に行うのが活着や成長にとって望ましい．ただし，温暖で寒害が問題にならない箇所，雪によって保護される多雪地，春に乾燥する箇所，あるいは樹種（新芽が動いてから移植すると影響が出やすいカラマツ類等）によっては秋植えも行われる．

多くの場合，苗木は苗畑で生産される．苗木は種子から育てる実生苗と枝条から育てる挿し木苗に大別される．掘り取り後は乾燥しないよう，陽光や風に当てないようにし，必要に応じて，現地で一度仮植えして，現場の気候に慣らす．苗木の大きさの選択は，周辺植生からの被圧の危険性と，生産や運搬の利便性とのバランスで決められるが，近年は，下刈り等の保育経費を抑えるために大型の苗の利用が検討されることが多い．ただし，大型苗は，育苗期間が長く，運搬や植栽に手間がかかり，活着率も一般に低いため，ただちに造林作業のコスト低減につながるわけではないことには留意しなければならない．

実際の植栽は，苗木の大きさに応じてまず深めの穴を掘り，根系を広げて土をかけてなじませたうえで，倒れや折れを防ぐよう踏み固める．方法は，土壌や斜

面の状況，積雪等の地域条件によって様々なバリエーションがある．

　植栽作業の機械化は，コスト軽減のための大きな課題であるが，我が国では本格的な普及はこれからである．いわゆるコンテナ苗は，コンパクトで取り扱いが容易であり，将来的な作業の機械化の可能性も含めた，低コスト更新作業（造林作業）の有力なツールである[5]．通常の苗木と比べて，稚苗と培地が一体であるため植栽時期を選ばないことから，伐採後の更新地において，収穫・地拵えと一貫した作業の可能性が注目されている．多孔質の硬質プラスチック性の栽培容器（マルチキャビティコンテナ）を用いて生産されるコンテナ苗は，根系部の形状が自然であり，肥培も含む適切な培地を用いることにより初期成長に優れる特性がある．苗木生産の面を含めて技術的な課題は残っているが，今後素材や形状等の改良により，樹種・現地の特性に応じた普及が期待されている．

9.2.6　苗木以外を用いる方法

　施工地に種子を直接撒いて更新を図る方法を播種造林（種子造林，直播き，人工下種更新：direct seeding）とよぶ．根系の発達が自然な稚樹を多数成立させ，その中から形質のすぐれた個体を残すことが，この方法の大きな利点である．しかし，多量の種子の確保，下刈に多大な労力と経費が必要となることから，苗木を用いる方法に比べると適用される条件は限定的である（林床植生が少ない箇所や崩壊地の緑化等）．樹種としては，移植の弊害が強いとされるマツ類や，大型の種子を持ち初期成長が旺盛なナラ・シイ類が代表的である．作業では，まず地拵えを行ない，土壌を裸出させたうえで種子を散布する．対象地の全面に播種（平まき）する方法の他，とくに大型種子の場合等に，筋状ないし点状に散布（所まき）する方法がある．播種の時期は，食害や霜害を避けるために春季に行うのが基本であるが，ナラ・シイ類等種子の保存が困難な樹種については秋に行う．播種後は，種子を土で軽く覆うようにするが，動物害の危険が高い場合には小さな穴を掘って播種し，持ち去りを防ぐ．

　また，人工更新の材料として挿し穂を直接植え付ける挿木造林（直挿し造林，挿し付け造林：slip planting）も用いられる．この方法は造林経費が少なくてすむが，より活着が確実な挿木苗を使う方が一般的である．天然林で，いわゆる伏状更新を行うスギやヒバの他，ヤマナラシ，ヤナギ類等の早生樹種の造林に用いられる．また，キリやタケ類について，根系部を植え込む方法（分根造林）が知られている．

9.2.7 苗木・稚樹の保護

若齢の更新地においてはしばしば気象害や動物害が生じることがあり，それらが懸念される箇所では，更新作業時に対策を合わせて講じる必要がある[6]．とりわけ近年は，動物による被害が急増している．主要な加害動物としてはシカ，カモシカ，イノシシ，野ウサギ，野ネズミ類があげられる．対応策としては，苗木・稚樹への接触の回避を図る物理的防御と，薬剤散布等による化学的防御が考えられる．前者の例としては，更新地全体を囲む防護柵の設置や，筒状あるいは網状の資材による苗木の直接保護，後者の例としては各種の忌避剤，野ネズミに対する殺鼠剤等の使用がある．ただし，物理的防御は経費や労力が大きいこと，化学的防御は効果の持続性が一般に低く，また周辺環境への影響が懸念される等の課題があることから，状況に応じてそれらの得失を判断して対応しなければならない．

9.3 天然更新

天然更新は，他所から持ち込む苗木等の造林材料に頼らず，施工地内あるいは周囲にある立木からの種子散布や，切株・根株等からの自然再生によって森林の世代交代を行う方法である．種子散布による天然下種更新と無性繁殖による萌芽更新に大別される．

9.3.1 天然下種更新

自然の種子散布に依存する方法を天然下種更新作業（regeneration by natural seedings）という．このうち，母樹の樹冠の直下で更新を図る方法を上方天然下種，いくらかの距離の種子散布を期待する方法を側方天然下種とよぶ．実際には，埋土種子や前生稚樹（長期間林冠下で生存し続けている稚樹）も重要な役割を果たす．

天然下種更新は，人工更新と比較して立地条件に強く左右される．そのため，積極的な林相の改良を図ることはできないが，一方で，施工地の気象や土壌特性にあった森林の発達につながることが利点である．また，苗木生産の技術が未発達である多くの広葉樹種を更新させるうえでも重要な手法である．広葉樹は一般に樹冠を広げる傾向が強く，通直で形質のよい木を育成するためには，植栽や播種等人工更新では対応できない高い初期密度が要求される．その点からも，母樹

からの大量の種子散布に頼る天然更新は適している．

　天然更新は，人工更新に比して初期の経費や労力がかからないことが強みであるが，反面，期待した樹種構成や林相に至らないことも多い．施工後，初期の段階で稚樹が多数成立したにも関わらず，長期的には成林に至らなかった事例も報告されている[7]．このような不確実性を考慮すると，短期的なコスト軽減のために天然下種更新を採用することには慎重な姿勢が必要である．とりわけ林床植生が多い林分においては，種子の発芽，実生の初期成長に適当な林床の条件をつくりだす更新補助作業（後述）との組み合わせが不可欠であり，それでも確実性が疑われるときには，人工更新の併用を検討しなければならない．

a. 森林作業種との関係

　人工更新では主として皆伐が用いられるのに対して，天然下種更新では皆伐以外の作業種（非皆伐施業）との組み合わせで用いられることが多い．皆伐を用いる場合であっても，種子散布の距離に制限があることから，伐採対象面積は基本的に小さくする．具体的には，施工地全体を，複数の列ないし群状地に区分して一部を伐採し，残存した部分からの側方天然下種によって更新を図っていく列状皆伐・群状皆伐等が適していることになる．

　一方，残伐・傘伐・択伐等の非皆伐施業は，基本的に更新を天然下種に依存する．残伐や傘伐（shelter-wood cutting）では，伐採は複数回に分けて行われる．残伐は，最初の伐採時に少数の立木を母樹として残し，そこからの天然下種によって更新を図る．稚樹の定着後，残された木は伐採される（意図的に長期間残すこともあり，このときは保残木施業とよばれる）．一方，傘伐（漸伐ともよぶ）は，数段階を踏んで更新を図りつつ伐採を進めていく．最初の伐採（予備伐）では，主として母樹として適さない立木を除去する．そして，母樹の結実を待ち，2回目の伐採（下種伐）を行う．さらに，稚樹の生育を促進するために，成長に応じて1回ないし複数回に分けて残存していた母樹を伐採（後伐あるいは殿伐）する．

　択伐（selection cutting）は，以上の作業種と異なり，最終的な伐採（主伐）を伴わず，定期的に抜き伐りを繰り返す方法である．伐採は単木的ないし小群状で（材積の10〜30％程度であることが多い），伐採によって生じる空所が天然更新の対象地となる．単木的な伐採の場合には，母樹が近接すること，他の作業種と比較して林床の明るさが制限されることから，先駆性の高い樹種以外の更新が期待できる．天然更新が順調であれば，小径木から大径木が存在する状態（択伐林

型とよぶ）が維持され，生産と他の環境機能の保全とのバランスが取れた作業法となり得る．

　非皆伐施業は，伐採と更新が近接して行われるため，作業の難易度は一般に高い．天然更新を成功させるためには，他の作業種に増して，伐採や集材作業に伴う前生稚樹へのダメージを避ける工夫が必要である．

b. 更新補助作業

　天然更新において，稚樹の発芽や定着を促進するために，林床植生を除去する等補助的に行なう施工を総称して天然下種更新補助作業という．我が国の森林では一般に林床植生が豊富であることから，前節であげた各種の森林作業種を適用する実際においては，補助作業の実施が要件となる場合が少なくない．緩傾斜地等条件が整う箇所では機械力も活用される．また，いったん定着した稚幼樹の成長を確実にするために行う周辺植生の除去（刈出しとよぶ．つる切りや薬剤散布も含む），あるいは補助的な植栽（植え込みとよぶことが多い）も更新補助作業として重要である．

c. 樹種特性

　天然更新を計画する際には，人工更新の場合に増して，仕立てようとする樹種の生態的な特性をよく理解しなければならない．その中では，まず，地形や乾湿度に応じた生育適地の把握が重要である．そのうえで，種子（果実を含む）のサイズや散布様式，成長速度，耐陰性（樹冠下のような暗い箇所で生育する能力）といった特性（これらは互いに関連しあうことにも注意）を考慮して，作業種の選択や更新対象面積を決定する．例えば，皆伐地では，種子の散布距離が大きく，開放地での生育が良好な樹種（マツ類やカンバ類等）の更新を期待するのが理にかなっている．一方，耐陰性が高く，前生稚樹群を形成する樹種では，それらに更新を依存した伐採方法が適している．種子の散布範囲が狭い樹種（ブナやナラ，シイ類）の場合は，基本的に上方天然下種更新によるが，結実間隔が長い場合，種子の豊作年が予測できればそれに合わせて作業を行なうことで確実な更新が期待できる[8]．

　これら以外にも，撹乱に対する反応等，樹種特性・生活史のより広範な理解が天然更新作業の可能性を高める．主要な樹種について，他の植物種や動物・菌類との生物間相互作用を含めた生態が次第に明らかになっており[9,10]，それらの知見の応用が求められている．

9.3.2 萌芽更新

切株等からの自然再生によって更新を図る方法を萌芽更新（coppice regeneration）とよぶ．萌芽更新は作業が容易かつ低コストで，確実性も高い方法である．燃料材の需要が激減した現在は限られているが，かつては里山地域での薪炭生産のために短期間に伐採・再生を繰り返す方法（低林作業）が広く普及していた．近年は，成長が速いことを利用して，ヤナギ，ハコヤナギ，カンバ類等を用いたバイオマス生産に用いられる．また，キノコ栽培用の原木生産においても重要である．京都北山の磨き丸太生産を目的とする台杉は，萌芽更新を利用したものである．

萌芽（sprouting）の能力は樹種によって大きく異なる．一般には針葉樹に比べて広葉樹で容易である．よく活用される樹種としては，ナラ，カシ，シイ，サクラ，シデ類等があげられる．伐採後の萌芽能力は樹齢あるいは個体サイズとともに減少することが多く，成長が盛んな幼齢から壮齢の段階で伐採するのが合理的である．作業種としては，一般には皆伐が用いられる．伐採高は，樹種による萌芽枝の本数や発生位置（幹側面，地際，根）の特性に応じて取り扱われるが，地表から高くなると萌芽枝が折れやすく成長も衰えることから，なるべく下部で伐採するのが一般的である．伐採時期としては，樹液の流動が休止している秋季または早春が適期である．更新がある程度完了した後には，必要に応じて萌芽枝の本数調整（芽かきとよぶ．優勢なものを数本程度残す）が行われる．

[吉田俊也]

9.4　林　木　育　種

9.4.1　林木育種の目的

a.　林業と林木育種

林業は，森林から木材等を利用する採取林業（gathering forestry）から普通種苗（common seed）を用いた育成林業（raising forestry）へと発達してきた．今日，遺伝的に改良が行われた育種種苗（bred seed）を使った育成林業が行われるようになり[11]，先進的林業では育種も含めた林業技術体系が成立し，森林生産性の増大や病虫害抵抗性の付与等に大きな成果をもたらしている．

我が国では約50樹種が造林に供されている．このうち，スギ，ヒノキ，アカマツ，クロマツ，カラマツ，トドマツ，エゾマツ，リュウキュウマツ等の針葉樹と，

表 9.1　ユーカリ（ブラジル・アラクルス社）における育種の成果 ([12] を改変)

評価項目 ＼ 林分	普通種苗 (a)	育種種苗 (b)	育種の成果 (b/a)
年間成長量 ($m^3 ha^{-1}$ 年$^{-1}$)	33	70	×2.12
パルプ材特性 (絶乾容積重 $kg\ m^{-3}$)	460	575	×1.25
パルプ歩留り (%)	48	51	×1.06
パルプ収量 ($kg\ m^{-3}$ 皮付)	238	293	×1.23
原木使用量 (皮付 m^3 トン$^{-1}$ パルプ)	4.20	3.41	×0.81
林分生産性 (トン・パルプ ha^{-1} 年$^{-1}$)	7.85	18.45	×2.35

クヌギ，コナラ等の特用林産樹種の約20種で育種が行われている[11]．

ブラジルではパルプ原料生産のためのユーカリの産業造林が広く行われており，Aracruz Forestal 社による育種では大きな成果が得られている．それまで育苗には一般造林地で採取された種子が用いられていたが，1973年以降，大規模な種子産地試験（provenance test）が行われ，成長等の形質が著しく優れた個体（プラス木）が選抜された．選抜にあたっては，造林特性（材積成長，幹通直性，耐病虫性，発根性等），パルプ特性（材容積重，繊維長，細胞壁厚，蒸解特性等）の選抜基準を満たす個体が選ばれた．その結果（表9.1），成長量が2.12倍，材容積重が1.25倍，パルプ収量が1.23倍，最終的な単位面積あたりのパルプ収量は2.35倍となり[12]，大きな経済効果をもたらした．

b. 林木育種の特殊性

一般に，育種（遺伝的改良）は，次の三つの段階を経て行われる[13]．
①変異の創出：選抜の対象となる遺伝子型を作出する．
②選抜：人間にとって好ましい形質をもつ個体を選び出す．
③増殖：普及するために選抜個体を大量に増やす．

育種により大きな成果を得るためには，選抜対象となる集団（もしくは種）が豊富な遺伝的変異を維持している必要がある．作物育種では，これまでの育種活動によりすでに遺伝的変異が減少しているため，新たな変異の創出が行われており，交雑等による変異の拡大に重点が置かれる．一方，樹木の多くは遺伝的に未改良であるため，豊富な遺伝的変異を活用することができ，新たな変異創出は必ずしも必要ではない．林木育種においては選抜が基本となっており，膨大な遺伝的変異を持つ集団の中から優良な遺伝子型を持つ個体を選抜することで，大きな育種効果を達成することができる．また，増殖手段も育種においては重要である．

選抜でプラス木が得られても，増やすことができなければ実際の造林には利用できない．造林用種苗生産のために採種園と採穂園がつくられる．

c. 林業種苗

林業種苗法で定める種苗とは，林業用の種子，穂木，茎，根および苗木であるが，多くは，実生苗生産のための種子，挿し木苗のための穂木，およびこれらから作られる苗木をさす．林木の増殖には，種子による有性繁殖（seed propagation, sexual propagation）と，挿し木等の無性（栄養）繁殖（vegetative propagation, asexual propagation）が用いられる．種子繁殖は，さらに自殖（selfing）と他殖（outcrossing）に分けられるが，林木の多くは他殖性である．

d. 育種目標

育種計画で明確にしておくことは，どのような特性を持つ品種を作出するかである．これを育種目標という．林木育種では，①一般的な林業であれば，成長量，伐期収穫性，成長持続性，幹の通直性・真円性・完満性，材強度・材色等，②バイオマス林業では，成長量，容積密度等，③特用林産が目的の場合には，樹実（木の実）の生産性，成分量とその品質等の改良が育種目標とされる．これらに，環境適応性，病虫害抵抗性や気象害抵抗性等が加えられる．

育種目標は，一般目標と地域目標に大別される．一般目標は，林業における共通の目標であり，成長量，幹の通直性・真円性・完満性等が該当する．地域目標は，生育環境等による地域特有の制限要因を克服するための目標で，病虫害や気象害への抵抗性等がある[11]．今日，病虫害や気象害が多発し，これに伴い育種目標も多様化してきており，複数の育種目標を同時に達成することが求められている．

e. 林木育種の発展

我が国で人工造林が行われるようになったのは室町時代とされ，京都の北山（1400年頃）や，九州の熊本・鹿児島県境（1568年）で挿し木造林が行われた．また，和歌山県吉野地方では，古くから（1500年頃）実生苗による造林（実生林業）が行われた．高齢で健全な木（採種母樹）から種子が採取されており，種子源の重要性が認識されていた[11]．一方，九州では，成長や幹通直性，挿し木発根性，適応性等に優れた個体が選抜され，多数の挿し木品種が創られ，クローン林業が成立した．

1899年以降，国有林で大規模な造林事業が展開されるようになり，アカマツ，クロマツ，スギ，ヒノキで産地試験が実施され，種子産地の重要性が認識され始

めた．種子産地とは種子源を意味し，各地域の天然林から採集した種子を同一環境下で生育させることにより，その植栽環境下における諸形質を評価する．また，吉野地方のスギ種子が全国に配布され，不成績造林地が生じたことから，1920年代になると，種子産地（地域集団）間の遺伝的差異が問題となり，適切な種子産地の選択と採種母樹・採種母樹林の指定が行われるようになった．1930年代，国有林産種子の払い下げが始まり，配布区域が決められた．1940年代には，近縁種間の交雑が盛んになり，カラマツ属，トウヒ属，ヒノキ属，ポプラ類等で種間雑種が作出された[11]．

近代的な林木育種法（集団選抜育種）はスウェーデンで確立され，ヨーロッパアカマツ，ヨーロッパトウヒを対象として組織的な育種が行われるようになる．この育種法では，選抜されたプラス木でつくられた採種園産種子から育成した苗木を，ただちに実際の造林に使用する．林木では1世代に非常に長い年月を要することから，林木での育種の貢献はほとんどないとされていたが，この育種法により，育種が可能となった．

第二次世界大戦後，林野庁は，拡大造林，適地適木と林地肥培，林木育種を推進した．育種では集団選抜育種が採用され，1954年にプラス木（精英樹）の選抜が，主要林業樹種（スギ，ヒノキ，アカマツ，クロマツ，カラマツ，エゾマツ，トドマツ等）で開始された．以後，我が国では，国と都道府県の直接事業（国家的事業）として林木育種が行われることになる．1970年代以降，病虫害の発生や森林資源利用の変化に対応するため，新たな育種事業（9.4.4を参照）が実施された．

9.4.2　林木育種の方法
a.　集団選抜育種法
(1) 選抜・増殖・普及

何代にもわたり集団を継続的に改良していく集団選抜育種は，今日，世界の主流となっている．我が国の集団選抜育種の進め方を図9.1に示す．最初に多数の優良個体を植林地等で選抜し，それらを交雑させ次世代をつくる．その後，選抜と交雑を繰返す．育種の対象形質が少数の遺伝子（主働遺伝子）によって支配されている場合には，比較的早い世代で目標を達成できる．一方，多数の遺伝子（微働遺伝子，ポリジーン）が関与する場合には，世代を重ね，交雑と選抜を繰り返すことにより，集団中の優良遺伝子頻度が高まり，遺伝的改良が進む．この育

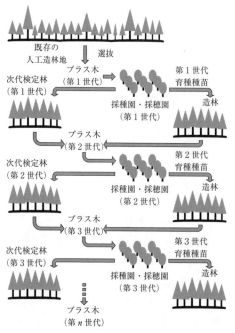

図9.1 集団選抜育種法の概要

種法は，元の集団に十分な遺伝的変異が存在し，選抜が容易で遺伝率（heritability，遺伝力）が高い形質では，大きな成果が期待できる．個体の表現型を決める要因として遺伝要因（遺伝子型）と環境要因があるが，このうちの遺伝要因の強さの程度を示す尺度を遺伝率という．広義の遺伝率と狭義の遺伝率があり，選抜育種では狭義の遺伝率が使われる．また，育種の効果は「遺伝率×選抜差」により予測される．

選抜された個体を我が国では精英樹（世界的にはプラス木（plus tree）が使われる）という．次代検定（progeny test）により遺伝的に優れていることが検証されたものをエリートツリー（elite tree）という場合もある．精英樹は表現型（phenotype）で選抜される．表現型とは，形態的，生理的な形質において，個体の持つ遺伝子型が表現されたもので，遺伝要因と環境要因の両者の影響を受けることから，精英樹の中には，良好な生育環境により優れた特性を示したものも含まれている．次代検定によって，精英樹のクローンや実生家系（次代）の成績から精英樹の遺伝的能力が評価される．

また，実際の植林に用いるために，種子生産を目的とする採種園と，挿し木苗用の穂木を採るための採穂園を造成する．採種園と採穂園は，次代検定の結果をもとに，評価の低い精英樹を除き，評価の高い精英樹を追加し，さらに遺伝的な改良が行われる．最初に造成された採種園・採穂園（第1世代）に対し，改良されたものを1.5世代という．我が国の育種は現在この段階にある．

(2) 育種効果

ある形質において，親集団の表現型が正規分布すると仮定する．親世代の表現型の平均値を X_m，選抜個体の平均値を X_{sm} としたとき，両者の差 $(X_{sm} - X_m)$ を

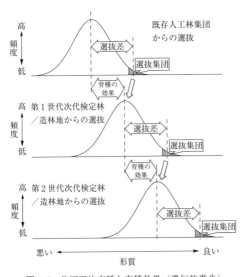

図9.2 集団選抜育種と育種効果(遺伝的進歩)

選抜差(selection differential)とよぶ．選抜集団から育成された次世代の表現型の平均値 X_{pm} は，X_{sm} と X_m の間の値を取る．次世代と親世代の平均値の差($X_{pm} - X_m$)を遺伝獲得量(ΔG, genetic gain)とよび，これが選抜育種によって得られる効果となる(図9.2)．また，表現型は遺伝要因と環境要因によって決まるので，遺伝要因が大きく働く形質では遺伝獲得量は大きくなり，環境要因の大きい形質では，大きな育種効果を望むことはできない．表現型に占める遺伝要因の割合を遺伝率といい，育種効果を事前に推定するのに使われる．

b. その他の育種法
(1) 交雑育種

交雑によってできた子供(F_1)がその両親をしのぐ現象を雑種強勢という．育種ではこれを一代雑種(F_1 hybrid)品種として利用してきた．クローン林業では雑種強勢を発揮した優良個体を無性繁殖し，利用している．多くが他殖性の樹木では，血縁関係にある個体間の交雑(近親交雑)や自殖により，生存力や成長力が著しく低下した子供が生まれる．これが近交弱勢，自殖弱勢である．他殖性植物には多くの劣性有害遺伝子がヘテロ接合の状態で保持されており，近親交雑により有害遺伝子のホモ接合性が高まること等によって近交弱勢が起こる．このため，近縁関係にある個体間の交雑を避ける必要がある．

林木においては，樹種間の交雑が行われ，交配親となる樹種が持つ好ましい特性を合わせ持つ種間雑種(interspecific hybrid)が育成されている．我が国でも，グイマツ(*Larix gmelinii* var. *japonica*)とカラマツ(*L. kaempferi*)の雑種が，成長に優れ(カラマツの特性)，ネズミの食害に強い(グイマツの特性)ことから実用化されている．世界的には，*Acacia mangium* と *A. auriculiformis*, *Eucalyptus urophylla* と *E. grandis* 等の雑種がある．

(2) 倍数性育種

多くの樹木は二倍体（diploid）で，二組の染色体セット（ゲノム）を持っている．三組のゲノムのものが三倍体（triploid），四組が四倍体（tetraploid）となる．このような関係を倍数性（ploidy）という．一般に倍数化すると細胞や器官が大きくなることから，この現象を利用するのが倍数性育種である．スギの在来品種や精英樹の中には自然三倍体があり，人工的な倍数体の作出も行われている[14]．

(3) 突然変異育種

放射線や化学物質を用いて人為的に誘発した突然変異を利用する育種法であるが，林木では大きな成果が得られていない．

(4) 導入育種

外来樹種（exotic species）を導入し，さらに改良するのが導入育種である．有名な例は，ニュージーランドのラジアータマツ（*Pinus radiata*）である．アメリカ・カリフォルニア州から導入・改良された．また，ユーカリ属，アカシア属，チーク，ポプラ類等の導入育種が世界的に行われている．

9.4.3 林業品種と種苗管理

a. 採種園と採穂園

(1) 採種園

実生苗生産に必要な種子を得るために造成されるのが採種園（seed orchard）である（図9.3）．採種園を構成する個体を採種木（seed tree）という．採種園には複数のプラス木から栄養繁殖された採種木で構成されるクローン採種園（clonal seed orchard, CSO）と，実生由来の採種木からなる実生採種園（seedling seed orchard, SSO）とがある．クローン採種園の方が一般的であるが，栄養繁殖が困難な樹種や，小規模の育種プロジェクトで実生採種園が利用されている．クローン採種園には複数の同一クローンが植栽されており，同一クローン間の自殖により，自殖弱勢が起こる可能性があるため，構成クローン数を多くすることや，同一クローンが

図9.3 採種園（スギ）（写真提供：高橋 誠）

近傍に植栽されないよう配置される．

(2) 採穂園

挿し木苗生産のための穂木を採取するために採穂園が造られる（図9.4）．採穂する親木を採穂台木または採穂木（scion stock）という．穂木の発根能力は台木の加齢と共に低下する．これを母樹齢効果（cyclophysis）という．また，採穂の樹冠位置により発根性に違いが見られる．この現象を樹位性（topophysis）といい，一般に下枝から採取した穂木の方が発根率は高い．挿し穂を取った側枝の性質（枝性）が残り，心立ちが困難な樹種（ヒノキ，トドマツ等）もある．スギ等の挿し木増殖が容易な樹種では採穂台木にクローンが用いられている（クローン採穂園）が，マツ等の挿し木が難しい樹種では台木に実生の若齢個体を用いる（実生採穂園）．高い発根率を維持するために台木の整枝・剪定が行われ，新たに発生した萌芽枝（sprout, coppice shoot）が穂木として利用される[14]．

図9.4 採穂園（スギ）（写真提供：原田美千子）

b. 地域品種と挿し木品種

品種の育成には多大な経費，長い年月，技術革新を要することから，種苗法（1978年）で，工業特許と同様の権利（育成者権：breeder's right）が保護されている．さらに，1998年の改正で，育成者権は林木等の永年性植物では25年（作物等では20年）と定められた．

品種は同一繁殖法により育成された個体群で，①成長，材質，環境適応性，病虫害抵抗性等が優れていること（優秀性），②これらの形質が実用上支障のない程度で均一であること（均一性），③特徴となる形質が子孫に安定的に遺伝すること（安定性），が要求される．種苗法では，優秀性は必ずしも必要とされないが，既存品種と明確に区分できること（区別性）が求められる[15]．

実生苗によって造られた森林（実生林）は，多様な遺伝子型をもつ個体群で構成されており，高い遺伝的均一性は望めない．しかし，種子の採取源を指定母樹林や採種園に固定することで，均一性を高めることができる．個々の採種園，採穂園から生産される種苗が一つの品種とされている．一つの個体から栄養繁殖さ

れた苗（クローン苗）は，すべての個体（ラメット：ramet）が同一の遺伝子型を持ち，遺伝的に均一な個体群である．クローン林には，主として挿し木苗が使われる．挿し木品種は，均一性と安定性を持ち，農作物での品種の概念に近い．増殖のもととなった個体をオルテット（ortet）という．

スギには，2通りの品種の概念が存在する．地域品種（天然品種：geographic race）と栽培品種（cultivar）である．地域品種は，各地の天然林に由来し，気候等の生育環境による自然選択を受け，地域間で遺伝的に分化した集団を指す．アキタスギ，タテヤマスギ，ヤナセスギ，ヤクスギ等がこれにあたる．栽培品種は，さらに在来品種（native cultivar）と育成品種（improved cultivar）に分けられる．在来品種は自然選択または無意識な人為選択よって生まれたものであり，在来挿し木品種の多くはこれに属する．九州地域，千葉県山武地方，北陸地方等で多数の在来品種が成立した．一方，育成品種は，ある目標に対して人為的な選択が行われて成立したもので，京都北山林業の天然絞品種や精英樹選抜育種事業の採種穂園を単位とする品種がこれに該当する[16]．

c. 実生林業とクローン林業

実生苗を用いて造成された林分を実生林といい，このような林業形態を実生林業とよぶ．林分内のすべての個体が異なる遺伝子型を持ち，様々な形質に個体間で大きな変異がある．一方，クローン林業では，主に挿し木苗を用いて人工林を造成する．クローン林は高い遺伝的均一性を有し，環境変異による多少のばらつきはあるものの，表現型の変異幅は実生林に比べ小さい（図9.5）．九州地域等では古くからスギのクローン林業が行われてきたが，我が国では実生林業が主流となっている．このほか，熊本県阿蘇地方ではヒノキ（ナンゴウヒ），石川県能登地方ではヒノキアスナロ（アテ）によるクローン林業が行われている．

図9.5　スギクローン林（福岡県浮羽町）
（写真提供：宮原文彦）

d. 種苗管理

林業種苗法により，種子・穂木の採取源と種苗の配布可能な区域が決められている．優良な種子等を供給するために，

指定採取源（特別母樹（林），育種母樹（林），普通母樹（林））が決められている．精英樹で構成された採種園と採穂園は重要な供給源となっている．

種苗の移動には制約があり，スギで7区，ヒノキで3区，アカマツで3区，クロマツで2区の種苗配布区域が設けられている．太平洋側と日本海側とでは，気候に大きな違いがあることから，スギ，アカマツ，クロマツでは，日本海側から太平洋側への移動は可能であるが，その逆は原則としてできない[14]．

9.4.4 林木育種の実際
a. 成長量の改良
第二次世界大戦後の高度経済成長による建築資材等の需要に対応するため，林野庁は，1954年に「精英樹選抜による育種計画」を立案，国家事業として初の育種（精英樹選抜育種事業）が開始された．この集団選抜育種法による事業では，成長や形質等の優れた個体（精英樹）を全国の人工林と天然林から選抜した．対象樹種は，スギ，ヒノキ，アカマツ，クロマツ，カラマツ，エゾマツ，トドマツの7樹種（後年リュウキュウマツ，広葉樹を追加）であった．

精英樹により採種園と採穂園が造成され，そこで生産された種苗が一般の造林に使用されている．また，これと並行して次代検定林も造成された．本事業により，森林収穫量が15％程度増加した[17]．現在，優良精英樹間の子供群（F_1）から，より優れた第2世代精英樹の選抜・配布が行われている．

b. 気象害抵抗性の付与
寒さの害には，頂芽・形成層等の細胞凍結による凍害と，吸水障害と乾燥風により発生する寒風害がある．これに対する育種的対応（気象害抵抗性育種事業）として，スギの激害造林地から無被害木を抵抗性候補木として選抜し，クローン増殖し，抵抗性検定が行われた．検定では，実際に被害発生常襲地に植栽して評価する方法（通常検定）と，冷凍施設に入れた切り枝の枯死状況から評価する方法（特殊検定）が併用された．

雪害には，積雪の斜面下部への匍行によって幹が曲がる雪圧害と，突発的な豪雪（湿雪）が樹冠に付着し，その重みで幹が折れる冠雪害とがある．雪圧害に対する抵抗性育種では，積雪地の急斜面の林分から根元曲がりが小さく，成長のよい個体が選抜され，多雪地での低リスク林業に貢献している[17]．

c. 病虫害抵抗性の付与
森林では，薬剤散布等による病虫害防除が困難なことから，抵抗性育種への期

待は大きい．抵抗性育種には，抵抗性に種内変異があり，遺伝的に支配されていること，抵抗性の簡便な検定法が確立していることが必要である．

マツ材線虫病は，世界的な森林病害である．マツ林の集団枯損は1905年に長崎市周辺で初めて観察され，現在は本州最北端にまで達している．この病気の病原体は，マツノザイセンチュウである．病原体の人工接種によるマツの抵抗性検定法が確立され，1978年から西日本地域で育種（マツノザイセンチュウ抵抗性育種事業等）が行われている．激害林分から抵抗性候補木を選抜した結果，アカマツで92抵抗性クローン，クロマツで16クローンが開発された[17]．現在，抵抗性遺伝子を集積した第2世代品種の開発が行われている．また，本病が全国に蔓延したため東北地域等でも抵抗性育種が進んでいる．

スギ材の心材部が変色するハチカミとよばれる被害は，スギカミキリ幼虫の食害によって起こる．1953年に宮崎県で発見されたスギザイノタマバエは小型の穿孔性害虫で，幼虫の食害（消化液）により材質を低下させる．これらの虫害に対する抵抗性育種（地域病虫害抵抗性育種事業）が行われた．

d. 材質等の改良

材質は，製材や工業用原料として利用する上で極めて重要であり，生育環境，施業と遺伝的要因の影響を受けることから，施業と育種による材質の制御が期待できる．また，材密度，仮道管長等の形質は遺伝率が高いため，育種による改良効果が大きいとされている[17]．カラマツ材は密度，曲げ強さ等に優れた樹種であるが，材の捻れが大きな問題となっている．1980年から捻れの小さいカラマツ材生産を目標に材質育種（からまつ材質育種事業）が実施された．

この他に，社会問題となっている花粉アレルギー（花粉症）の原因となっているスギ花粉についても育種的対応が行われ，花粉の少ないスギとヒノキ品種や花粉のない雄性不稔（無花粉）スギ品種が開発されている．また，シイタケの原木栽培で使用するほだ木に適したクヌギ品種の育成も行われた．

9.4.5 遺伝資源の保全

生命誕生以降の長い生物進化によって，膨大な遺伝的変異が蓄積されてきており，貴重な遺伝資源（genetic resources）として，保存・活用されてきた．しかし，人為的な自然破壊により，生物多様性の減少と，遺伝資源の消失が起こっていることから，遺伝資源の保全が求められている．

森林は地球上でもっとも複雑な生物社会を形成しており，とりわけ熱帯林は遺

伝子の宝庫とされている．森林生態系をそのまま保護することは，樹木や草本等の植物のみならず，動物，微生物の様々な遺伝資源をも保全（生態系保全または現地保全：*in situ* conservation）することであり，将来の人類の生存に必要となる遺伝子の供給源（潜在的遺伝資源）の役割を果たす．

遺伝資源利用の主な活動が育種である．育種を進める中で必要となる新たな有用遺伝子の導入元を遺伝子給源という．従来の育種技術では，同一樹種もしくは近縁種に遺伝子給源を求めていたが，今日，遺伝子組換え技術の発達により種の壁を越えた遺伝子導入が可能となっており，従来の遺伝子給源の範囲は大きく広がっている．

遺伝資源をめぐっては，資源ナショナリズムと南北問題が大きな問題となっている．遺伝資源を活用した新規ビジネスによる利益配分をめぐって，先進国と途上国間の対立が生まれている．一方，遺伝資源によってもたらされる利益を地球上の生物多様性保全に役立てることが議論されている．1992年の国連環境開発会議（UNCED，通称「地球サミット」）において，地球上の生物多様性の包括的保全と，生物資源の持続的利用のための新たな国際的枠組として，生物多様性条約が採択された．さらに，2010年の第10回締約国会議（COP10）において名古屋議定書が採択され，遺伝資源の利用と利益配分（Access to Genetic Resources and Benefit Sharing, ABS）に関する国際ルールが始動した． ［白石　進］

課　題

(1) 身近な森林を対象に，将来的な管理目標を仮定して，それにもっとも適した更新作業は何か考えなさい．
(2) 林木育種では，作物育種で主流となっている交雑育種が行われることは少ない．その理由を説明しなさい．
(3) 実生林とクローン林の特徴を説明しなさい．
(4) 森林遺伝資源保全で行われている生態系保全のメリットについて説明しなさい．

引用文献

［1］豪雪地域林業技術開発協議会編，2000，雪国の森林づくり―スギ造林の現状と広葉樹の活用，日本林業調査会．
［2］森林施業研究会編，2007，主張する森林施業論―22世紀を展望する森林管理，日本林業調査会．

[3] 豪雪地帯林業技術開発協議会編, 2014, 広葉樹の森づくり, 日本林業調査会.
[4] 長池卓男, 2012, 日林誌, **94**, 196-202.
[5] 全国林業改良普及協会編, 2013, 低コスト造林・育林技術最前線, 林業改良普及双書, 172, 全国林業改良普及協会.
[6] 全国林業改良普及協会編, 2011, 獣害対策最前線, 林業改良普及双書, 168, 全国林業改良普及協会.
[7] 正木　隆他, 2012, 日林誌, **94**, 17-23.
[8] 小山浩正他, 2000, 日林誌, **82**, 39-43.
[9] 正木隆編, 2008, 森の芽生えの生態学, 文一総合出版.
[10] 日本樹木誌編集委員会編, 2009, 日本樹木誌1, 日本林業調査会.
[11] 大庭喜八郎, 1991, 林木育種の進め方, 大庭喜八郎・勝田　柾編, 林木育種学, 9-62, 文永堂出版.
[12] 千葉　茂, 1987, 林木の育種, **145**, 21-24.
[13] 戸田良吉, 1979, 今日の林木育種, 農林出版.
[14] 近藤禎二, 2012, 林木育種の体系, 井出雄二・白石　進編, 森林遺伝育種学, 167-188, 文永堂出版.
[15] 藤巻　宏, 2003, 植物育種原理, 養賢堂.
[16] 宮島　寛, 1989, 九州のスギとヒノキ, 九州大学出版会.
[17] 藤澤義武, 2012, 林木育種の実際, 井出雄二・白石　進編, 森林遺伝育種学, 199-220, 文永堂出版.

第 10 章
木材生産のための造林技術

要　点

(1) 地域の自然条件に適した森林の育成が重要であり，適切な樹種・品種の選択，生育段階に応じた適切な施業によって健全な森林を維持する必要がある．

(2) 樹木の成長特性を理解し，科学的な根拠に裏打ちされた施業方法を見出し，その効果を検証しながら，適切な実用技術として確立する必要がある．

(3) 森林の育成は長期に及ぶため，気象害リスクや社会情勢の変化にも対応できるよう，柔軟な生産目標とその達成に向けた確かな造林技術が求められる．

キーワード

人工造林，林分密度管理，樹形，林分構造，成長制御，多様な森林施業

10.1　人工造林の基礎

　森林を世代交代させることを更新というが，苗木や挿し木を植栽したり，林地に播種させる更新法を人工更新という[1]．更新させたい樹種の種子や苗木を人為的に植栽・播種することで成立した森林が人工林である．日本の人工林は，ほとんどが植栽による人工更新である．木材生産を目的とする人工林では，一般に，目標とする木材の収穫が見込まれるようになった時点で皆伐し，再び人工林を仕立てる人工造林（再造林）が行われる．一方，生育状況が思わしくない天然林等でも，生産力を改善したり，環境保全機能を向上させる上で有利な樹種に変更することを目的に人工造林が行われることがある．しかしほとんどの場合，人工造林は木材生産が目的であり，生産目標とする形質を持った木材を効率的に収穫できるように，下刈りや間伐等の様々な保育作業を適切な時期に実施する必要がある[1]．

10.1.1　造林適地

　樹木は長期間にわたって同じ場所で生育するので，成長の良し悪しは，土壌養

分や水分環境等の土地条件に左右される他，気象条件の影響を強く受ける．そのため人工造林にあたっては，土地条件に適した樹種や品種を選択する適地適木の原則に従うことが求められる[2,3]．その判断においては，主要な造林樹種の成長特性や生育適地を考慮してその地域で以前から造林されている樹種，あるいは天然に生育している郷土樹種を植栽することが望ましい．適当な樹種がない場合，またはより優れた樹種を必要とする場合は，その地域の気候条件や立地条件と類似している地域の樹種を選択するのが無難である．木材生産という観点からは，成長が良好で材質的にも優れ，通直で製品としての利用に有利になるような遺伝的特性を備えた品種を選定する[2-4]．

10.1.2　人工林の保育

植栽または播種によって更新した人工林や一斉に天然更新した稚樹群等のように，更新直後の生育初期段階にあっては，生育環境を整えて更新木の成長を助けるための保育作業が必要である[1]．保育とは，更新木の成長を促進するだけではなく，樹形を整えて林木の形質の向上を図り，森林としての価値を高める上で重要な作業である[1,2]．

日本は概して，夏季の高温多湿という気象条件にあり，様々な広葉樹，つる類，ササ類等の雑草木の生育にも適しており，造林木と競合する多くの植物の成長が旺盛である．そのため，とくに造林木の生育初期には，こうした競合植生を刈り払うため，数年間は下刈り等の初期保育が不可欠である．造林木の樹高が雑草木を追い抜けば，成長を阻害される心配がなくなり，自然状態で成長できるようになるので，その時点を造林地の更新完了という．ただし，つる類については，林木に巻き付いたり，枝葉を覆ってしまう被害が更新完了後も発生するので，下刈り期間が終了した後もつる切りを行う必要がある．

造林木は成長するにつれて，隣接木の樹冠と相互に接するようになり，徐々に造林木同士の競争が始まって，成長の優劣が現れるようになる．劣勢木は隣接木によって被圧され，枝葉の成長が阻害されて，幹の成長が低下するだけでなく，幹に曲がりが生じる等，丸太としての形質が劣ることになる．そのため7～8年生以降は，こうした劣勢木の他，目的樹種以外の侵入木等を除去する作業（除伐）が必要になる．

林齢15～20年生の胸高直径はまだ小さいが，木材としての利用価値がでてくる．こうした植栽木の直径成長を促し，利用価値をさらに高めるために，主林木

を抜き伐りして立木本数を間引く間伐が欠かせない．間伐を行うためには，立木の生育状況や位置関係等から立木の将来の成長を見定めて間伐木を選ぶ必要がある．成長経過を見ながら，主伐までに間伐を繰り返すことで，木材の利用価値を高めていく．

通直性等のような幹の形質は，立木の位置関係を間伐の際に調整することである程度改善される．より効果的に幹の成長を制御する方法として枝打ちがある．枝打ちは個々の林木の枝葉量を調節して，幹の肥大成長と形状を直接制御することができる．

人工林の保育は，更新した人工林の林相を整理し，造林木の成長を促進させると同時に，幹の形質を向上させ，木材生産という目的のために収穫量とその価値を充実させることを目的として行うものである[2,4,5]．植栽木の成長を助長するという観点から，個々の保育技術を整理すると，

①植栽木と雑草木との競合調節（下刈り，つる切り，侵入木の除伐）
②植栽木同士の競争調節（植栽木の除伐，間伐）
③個々の植栽木の成長調節（枝打ち）

のように分類できる．

10.2　生産目的に応じた造林技術

木材生産を目的とした森林施業では，あらかじめ植栽本数を決め，その後の立木本数を間伐によって管理しなければならない．さらに，必要に応じて枝葉を除去する枝打ちを実施することで，幹の成長を制御することができる．幹の形状は，木材を利用する上でも，製材効率を高めるためにも完満，通直であることが望ましい．

木材用途は多種多様で，住宅建築用の柱材，梁（はり），床材等の他，集成材や合板等に利用される[5]．以前は電柱，枕木，造船用の弁甲材，樽材等と需要が多く，用途に応じた様々な人工林施業が全国各地で行われていた（10.2.6参照）．幹の細りや完満度だけでなく，柱材にしたときの節の有無や年輪幅へのこだわり等，様々な要求に応えるための造林技術が編み出されていた．幹の成長と形質を左右するのは，植栽密度，間伐の開始時期，間伐強度，間伐の繰返し期間，間伐方法（選木方法），主伐時期等である[5-7]．こうした応用技術を実効あるものとするためには，その前提となる樹木の生物的な成り立ちとして幹と枝との関係等を理解して

おく必要がある．

10.2.1 林分密度に規定される樹冠長

人工一斉林では林木のサイズがそろうので，枝葉の空間分布や林分構造は比較的単純である．立木本数が1haあたり3000本植栽のような一般的な人工林では，植栽後数年程度は植栽木の枝葉量が少なく，隣接木同士が接して競争関係になることはないが，成長が進むと植栽木の枝葉が増加して林地全体が葉で覆われる（林冠閉鎖）．林冠が閉鎖するまでの所要年数は，1haあたりの植栽本数の他，土地条件等で決まる成長速度によって異なる[8]．

林木の成長を担うのが枝葉の集合体である樹冠である．樹冠の大きさは，樹冠長や樹冠幅を指標として表現されることが多い．森林の混み具合や樹齢による違いはあるが，林木の葉量は樹冠長とベキ乗関係にあり，樹冠長が長いほど枝葉が多く（図10.1），成長量も大きい．林分密度が低ければ，林内を透過する光は林冠深くまで達することができるので，樹冠長は長くなる．反対に林分密度が高くなると，枝葉が林冠に密生するので光が透過しにくくなり，個々の林木の樹冠長は短くなる．このように林分密度を変化させることによって樹冠長が変化する．スギ人工林の平均樹冠長と立木密度の関係を図10.2に示した．ここに示したデー

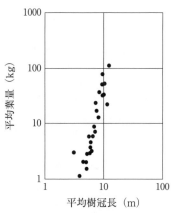

図 10.1 樹冠長と葉量のベキ乗関係（藤森（2005）[2]から作成）

林分あたりの平均葉量を w_L，平均樹冠長を CL とすると次式で近似できる：
$w_L = 0.00445\, CL^{3.95}$　（$r^2 = 0.84$）

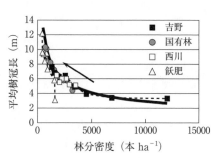

図 10.2 スギ人工林における平均樹冠長と林分密度の関係（藤森（2005）[2]から作成）

太線は，閉鎖林分における平均樹冠長の近似曲線を示す．間伐等によって立木密度が減少し，それとともに図中の矢印の方向へ，平均樹冠長が増加する．

タは間伐直前のものであり，林冠はほぼ閉鎖状態にあった．飫肥スギは，もともと植栽本数がかなり少ないため（表10.1参照），生育初期段階では他の林業地と傾向が異なるが，平均樹冠長 CL と林分密度 ρ の関係は図中の実線（10-1）式で近似できる：

$$CL = A\rho^{-B} \tag{10-1}$$

ただし A と B は定数であり，図10.2では $A = 192.4$, $B = 0.45$ であった．図中の実線は，林冠が閉鎖状態にあるときの林分密度に応じた最大の樹冠長である．したがって，林冠が閉鎖状態を維持していれば，自然間引きで林分密度が減少したとしても，平均樹冠長は図10.2の実線上を矢印の方向に移動しながら徐々に長くなる．しかし閉鎖林で間伐を行うと，林分密度は減少するが樹冠長は間伐前と同じなので，林分密度に対応した樹冠長は図10.2の実線よりも下側になる．つまり次に林冠が再閉鎖するまでの間に，樹冠長が伸びる余地が生まれる．

林冠が閉鎖した状態のままでは樹冠長はほとんど伸びることができないが，間伐によって林分密度を低下させてやれば，樹冠長を伸ばし，結果として幹の直径成長を促進させることができる．

10.2.2 樹形の成り立ち：構造的特徴

樹木の幹は枝が合流して形成され，このことをデータで裏付け，理論的に示したのがパイプモデルである[9]（図10.3）．また樹木は，長年月にわたってその重量を自ら物理的に支えなければならない．そのためには特定の部位に負荷がかからないような構造になっている必要がある．つまり，木部（枝や幹）の任意断面に加わる荷重（単位断面積あたりの荷重）がどこでもほぼ均等になっていることが，樹体を安定的に維持する基本構造である[10-12]．実際，枝葉が枯れ上がっている幹の形状は，下向きの距離に対して直径が指数関数的に増加しており，この形状こそが樹体を安定的に支える構造である．

樹幹先端から樹体を厚さ1mで切断したとき，梢端からの深さ z における単位長さあたりの葉，枝，幹の重量密度（kg m^{-1}）をそれぞれを

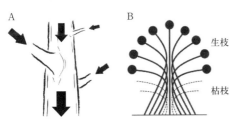

図10.3 枝の合流によって形成される樹幹，パイプモデル概念（Shinozaki et al. (1964)[9]，千葉 (2003)[18] より）

A：樹幹は枝が合流することによって太くなる．B：幹内部には枯死した枝が封入されている．

$\varGamma(z)$, $B(z)$, $S(z)$ とすると, 梢端から z までの全重量 $T(z)$ は

$$T(z) = \int_0^z (\varGamma(z) + B(z) + S(z)) \mathrm{d}z \tag{10-2}$$

で定義される. 針葉樹や広葉樹を含め, 様々な樹形を持つ樹木個体を伐倒調査した結果, 次式のように幹重量 $S(z)$ と $T(z)$ が比例関係になっていた[10, 13]:

$$T(z) = b\, S(z) \tag{10-3}$$

ただし, b は比例定数である. この関係から, 樹体重量 $T(z)$ を物理的に支えている幹 $S(z)$ に加わる荷重は, 幹の部位に関係なく常に一定ということになる. さらに (10-2) 式と (10-3) 式から, 葉, 枝, 幹の相互関係を次式で表現できる:

$$\frac{\mathrm{d}S(z)}{\mathrm{d}z} = \frac{1}{b}(\varGamma(z) + B(z) + S(z)) \tag{10-4}$$

詳細は割愛するが, 葉, 枝, 幹の相互関係を表す (10-4) 式は, 針葉樹のように幹がまっすぐに伸びるような樹形だけでなく, 幹が斜立したり, 横向きの場合でも成り立つ (図 10.4). つまり, 変数 z は鉛直下向きの深さに限定する必要はなく, 幹や枝の先端からの距離と読み替えることができて, 枝でも (10-4) 式は成立する. こうした実験的に見出された関係から, (10-4) 式は, 植物体の重量を物理的に支えているという意味の他に, 分枝構造の一端を表現していることが明らかになった[10, 13].

なお (10-4) 式に枝葉の分布関数 $(\varGamma(z) + B(z))$ を代入すれば幹の分布関数 $S(z)$ が計算できる[14]. 針葉樹のように比較的単純な樹冠形を仮定すると, 幹の形状は, 梢端付近では幹が下向きに指数関数的に太くなり, さらに枝が

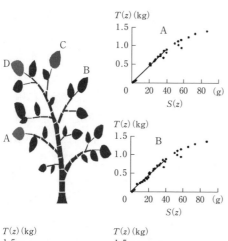

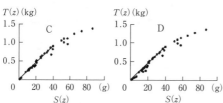

図 10.4 葉・枝・幹の相互関係を理解するための $T(z)$-$S(z)$ 関係
樹体すべてを一定の長さの切片に切断して, 任意の切片の重量とその切片が支えている上部重量との関係は比例する (本文 (10-3) 式).

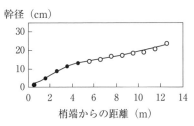

図10.5 スギ樹幹の形状の例
●は樹冠内における幹径の実測値，○は樹冠以下の幹径の実測値，実線はモデル式による近似曲線を示す．

枯れ上がった枝下高以下の部分でも指数関数的に太くなる（図10.5）．つまり幹の形状は，2つの指数関数の合成関数として近似的に表わすことができる．枝葉が合流して形成される幹の分布関数（10-4）式は，間伐による幹の成長制御をモデル化するための根拠ともなる[11,14]．

樹幹の形を決める直接的な要因は幹に合流している枝葉量である．しかし，幹の形成には成長速度も大きく関与する．樹高成長が速やかであれば，幹から分岐している枝同士の間隔（節間長）が広がる．しかも，樹高成長速度が大きければ，上層の枝によって陽光が遮られ，個々の枝の成長低下が早まるであろう．言い換えると，樹高成長速度が大きければ，個々の枝が獲得する光合成産物の総量が減少するため，その枝から幹への配分量が減ることになり，結果的に幹の形状は細長くなると考えられる．このように，樹幹形を知るためには，樹冠量を規定する林分密度だけではなく，樹高成長を左右する要因（土壌の養水分，気象条件等の土地条件）も併せて考慮する必要がある．

人工林における林木の大きさについて見てみる．同じ人工林の中で見ると，胸高直径と樹高の関係は一般に図10.6のような飽和曲線で表される．つまり，胸高直径に比例して樹高が高くなるわけではなく，同じ林内であれば，樹高は揃ってくる傾向がある．また林木の枝下高（樹冠最下部の地上高）も胸高直径に関係なく一定の高さに揃う傾向がある（図10.6）．その理由は，人工林の林冠（すべて

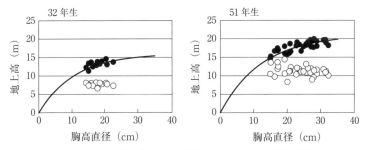

図10.6 ヒノキ人工林における樹高，枝下高と胸高直径の関係
ヒノキ人工林における32年生および51年生時点の計測値である．●：樹高，○：枝下高

の林木の樹冠で構成される枝と葉の集合体）は比較的均質な構造を持っているため，林冠を透過する太陽光がほぼ一律に減衰していくので，葉が生存できる最下層の高さがほぼ一定になると考えられる[8,15]．人工林における樹高や枝下高と胸高直径との関係は，幹の形成過程を理解する根拠であるだけでなく，間伐木の選定（選木）と間伐後の成長予測を行ううえでも重要な手がかりになる．

10.2.3 人工林の密度管理

目的とする木材を生産するために人工林を間伐して立木本数を適切に調節することは，造林技術の基本である．間伐を実行するにあたっては，個々の林木の生育状況を見定め，周辺木との相対的な関係を見ながら，幹の形質の優劣等を判断して，間伐する対象木を選ぶ[1,3,6]．その判断基準として，個々の林木の形状や生育状況を周辺木との相対的な関係から比較することで，これまでにいくつかの樹型級区分[1,4,6]が考案されているが，国有林では寺崎式樹型級区分が採用された[1]．

樹型級区分に応じて間伐木を選定できたとしても，どれだけの本数をどのように間伐するか決める必要がある[5]．劣勢木を中心に間伐するか（下層間伐），優勢木を中心にするか（上層間伐），あるいは優勢木から劣勢木を含むすべての樹形級を均等に間伐するのか（全層間伐）等，具体的な選木の仕方については，木材の生産目的や将来的に誘導したい森林の状態に応じて判断する必要があり，あるいは間伐後の成長を見越した判断によって様々な間伐方法があり得る．我が国に近代以降導入され，国有林で採用されるようになった間伐方法は，ドイツの系統をくんだ下層間伐を中心とするものであった[5,6,16]．目標に沿った森林に誘導していくためには間伐を林業技術者の経験的な判断に委ねるのではなく，間伐後の残存本数や収穫量等を定量的に予測・判断することが望まれていた．

間伐における定量的な判断基準を導き出す契機となったのが，1950年代に日本の作物栽培で発見された法則性で，個体重と本数密度の関係をもとにした密度効果に関する理論[17,18]である．作物の植栽密度（または個体数密度）が高いほど平均個体重は小さくなるが，十分に成長が進むと単位面積あたりの全重量は，植栽密度に無関係に一定になる（最終収量一定の法則）等，作物で見出された密度効果に関する法則性は，その後，森林にも適用できることが多くの研究で確かめられた[19]．さらにスギやヒノキ等の主要な樹種の膨大なデータを分析した結果，幹材積，樹高，胸高直径と林分密度との相互関係が定式化され[16]，人工林施業という実用的な観点から，図10.7に示す林分密度管理図が考案された．

10.2 生産目的に応じた造林技術

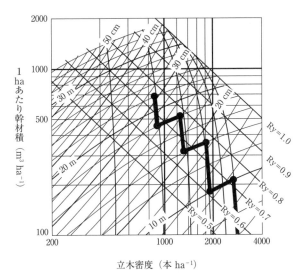

図10.7 林分密度管理図および間伐施業への適用例
太線については，本文「林分密度管理図の使い方」参照

　林分密度管理図は，人工林で比較的容易に測定できる計測値（立木密度，林分材積，平均樹高，平均胸高直径）の相互関係を図化して統合したものである．立木あたりの本数密度（立木密度，本 ha^{-1}）に対する幹材積（$m^3\,ha^{-1}$）等の関係を両対数グラフで表しており，その中に樹高や直径等と立木密度の関係が曲線で表示されている[1,5,16]．図の右下から左上に延びているもっとも外側の直線が最多密度線（Ry=1.0，後述）である．自然状態ではこれ以上の高密度に混んだ森林は理論的に存在しないことを表す．下から上に向かって左側に緩やかにカーブしているのは自然枯死線で，植栽後に自然に枯死して本数が減少していく様子を表している．上に凸の曲線で，左下から右上に延びているのが等平均樹高線で，平均樹高が等しい林分の密度と材積の関係を表す．下に凸の曲線で，同じく左下から右上に延びているのが等平均直径線で，平均直径の等しい林分の密度と材積を表している．最後に，最多密度線に平行に引かれた直線が等収量比数線（Ry）で，最多密度から幹材積の割合を0.1ずつ減らした線で，林分の混み具合を表している．林分密度管理図は，スギ，ヒノキ，カラマツ，アカマツ，広葉樹（ナラ類，クヌギ）について，主な地域ごとに作成されており，全国の膨大なデータをもとに調整されている[2,3]．

10.2.4　林分密度管理図の使い方

林分密度管理図を使うと，その時点の人工林の状況をおおよそ知ることができる．一例として，1 ha あたり 3000 本植栽した人工林における間伐施業の経過を図 10.7 に太線で例示した．この例から読み取れる情報としては，平均樹高が 10 m に達したときの林分密度は約 2800 本 ha^{-1}，幹材積 210 m^3 年$^{-1}$，平均直径 13.8 cm である．このときの林分の混み具合を表す収量比数 Ry は約 0.72 であること等が分かる．

間伐とともにこの人工林が将来どのように変化していくか，林分密度管理図からある程度読み取ることができる．図 10.7 の太線の例は，樹高 10 m の時点で本数間伐率 30% の間伐を行い，その後，平均樹高が 14 m および 18 m に達した時点で，それぞれ 30% の間伐した場合の変化を例示している．この例では 30% の間伐を 3 回実施して，平均樹高 18 m，1 ha あたり林分密度 950 本 ha^{-1}，幹材積 450 m^3 ha^{-1}，平均直径 26.5 cm，収量比数 Ry が約 0.66 になることが読み取れる．ただし，林分密度管理図には成長速度等の時間の要素が考慮されていないので，想定した平均樹高に達するまでの年数が分からない．そのため，間伐後の成長経過を知るためには，地域ごとに作成されている林齢と樹高との関係を表わす林分収穫表や地位指数曲線等を使って，樹高成長の予測値等を予め把握しておく必要がある[2,3]．

すでに述べたように以前の間伐は，林業技術者の勘と経験による主観的な判断に頼って行われていた．しかし，上述の例からも分かるように，林分密度管理図を使えば，林分の混み具合を考慮しながら，残存本数をあらかじめ決めておいて間伐を行うことができる．林分密度や平均樹高の情報を見ながら，間伐前後の林分材積を事前に算定しておいて，それに見合うように間伐木を選定することもできる．坂口[5]は，将来見通しを立てて間伐することの重要性を指摘した上で，林分密度管理図を利用して計画的に実施する間伐を定量的間伐とよび，かつての勘と経験に頼っていた間伐を定性的間伐とよんで区別した．

森林の成長は長期間にわたるため，微地形や気象条件の影響を受けるだけでなく，森林そのものが均質ではないこともあり，理論通りの成長が期待できないことも多い．林分密度管理図は，その地域における平均的な林分成長の様子を知るための手がかりであり，個々の人工林に対しては必ずしも当てはまりが良いとは限らない[2,3]．しかも林分密度管理図は本来，小径木を伐る下層間伐に適用すべきであるが[1]，上層木間伐や列状間伐等に適用範囲を広げようとするケースも多く，

注意が必要である．林分密度管理図の利用に際してはこうした制約条件があること等から，その後，密度管理の手法に改良を加えたシステム収穫表等が開発されている[20,21]．しかし昨今のように，複層林や混交林への誘導等も視野に入れた施業が求められるようになると，森林の取扱いはさらに複雑にならざるを得ず，様々な森林施業に応じた新たな成長予測技術が求められる．

10.2.5 枝打ち

利用目的に見合った木材を効率的に生産するために，林木の成長を人為的に制御する手法として間伐と枝打ちがある．間伐は，林分の混み具合を徐々に緩めて林木の生育空間を広げてやることで，間接的に林木の成長を制御するものである．それに対して枝打ちは，林木個体が持っている枝葉を強制的に除去して，林木の成長を直接制御する行為である[1-3]．

枝打ちの目的は，無節で完満な優良材を生産することにあった．床の間を飾る床柱をその筆頭として，和風建築では柱材や内装材等に使用する木材の材質，年輪幅，節の有無等は優良材の価値を決める大きな要因であった．そもそも枝は光不足になると自然に枯死して幹に枯枝が残存し，死節となり，材価を低下させてしまう．一方で，床柱のような心持ち柱材では，製材したときに四面無節であることが珍重され高価で取引された[22]．こうした木材へのニーズを背景に，京都・北山をはじめ，日本各地の林業地で盛んに枝打ちが行われた．

無節というのは，製材した材表面に節が現れないようにすることである．若齢で，幹がまだ細い段階から枝打ちを繰り返せば，成長は低下するが，幹の中心（髄付近）に枝の節を留めておくことができる[2]．枝打ちの開始時期をいつにするか，どれくらいの頻度と強さの枝打ちを行うかという問題は，目的とする木材の用途や求められる木材の径級等に応じて判断する．

樹冠下部は陰樹冠とよばれることから分かるように，そこの枝は受光量が少なく，光合成生産が低下している．したがって陰樹冠の枝打ちは，幹の成長にほとんど影響しない．それに対して陽樹冠を含むような強い枝打ちは，樹木の成長に大きく影響し，樹高成長よりも直径成長を顕著に低下させる．強度の枝打ちをすると，特に地際付近の直径成長が低下するが，樹冠付近の幹の直径成長はそれほど低下しない[6]．このように陽樹冠を含むような枝打ちをすることで，幹の上部と下部の成長量の配分を相対的に変化させることができ（図10.8），こうした枝打ちを繰り返すことで幹の形状が徐々に完満（円柱形に近づく）になっていくの

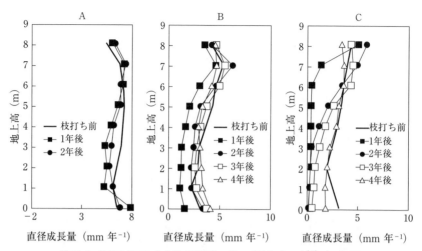

図 10.8 枝打ち強度による幹成長配分の違い（尾中 (1950)[23] から作成）
枝打ち後に残す樹冠長の長さを変えた場合の幹の直径成長を比較した．樹冠下部だけを枝打ちしても直径成長にはほとんど影響しないが，樹冠長の 1/4 だけを残す強い枝打ちでは直径成長が顕著に低下する．A：樹冠長の 3/4 残し，B：樹冠長の 2/4 残し，C：樹冠長の 1/4 残し．

である．

　枝打ちによる直径成長の変化を巧みに利用して幹の形状を制御する方法は，経験的に導かれた優れた林業技術である．枝打ちが幹の成長に及ぼす影響を丹念に調べ，枝打ちのタイミングと枝を打ち上げる高さ等の分析を通じて得られたのが枝打ち管理図である[1-3]．図 10.9 はその一例で，一辺 10.5 cm で長さ 3 m，四面無節の正角材，2 玉を生産するための枝打ち管理図である．一辺 10.5 cm の正角材を無節にするためには，幹の曲がりや切断枝の残枝長を考慮すると，幹の直径が 7 cm になるまでに枝打ちを済ませる必要がある．隠れた節による材表面の凹凸があると価値が下がるので，丁寧な枝打ちが求められる．実際には生育状況を確認しながらの作業になるが，図 10.9 に示したように，8 年生頃から 2 ～ 3 年おきに枝打ちすれば，30 年ほどで末口径 12 cm と 10 cm の材を 1 本ずつ採材できる．

　枝打ちによって幹の通直性や完満度に優れた形質優良な木材が生産される．一方，完満で径級が小さくなった枝打ち木は，外力に対しては非常に脆弱である[2]．枝打ちは枝を除去することで樹冠を小さくし，しかも樹冠形状の均整が取れるので，冠雪や風圧力による負荷が小さくなって，気象害を受けにくいとの説もあるが，実際には，湿雪による冠雪が幹曲がりや折損被害をもたらすことがある．枝

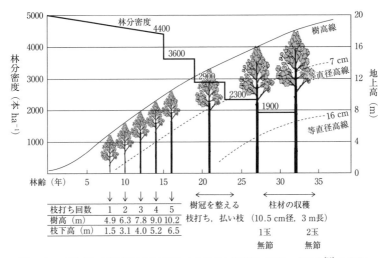

図 10.9 4面無節の正角材生産を目標とする枝打ち管理図(Chiba(1990)[10]を改変)

打ちにはこうしたリスクが伴うことに注意が必要である.

10.2.6 主な森林施業における造林技術

林業地域では様々な木材生産を目指して独自の施業を発展させてきた.表10.1に,我が国の主要な林業地における木材生産目標とその施業概要を示した.植栽本数と間伐パターン(図10.10)は,それぞれの林業地での生産目的を反映している.吉野林業(奈良県)は,植栽本数が10000本 ha^{-1} 以上と多く,間伐を何度

表 10.1 主な林業地における保育形式(坂口(1980)[5] から作成)

植栽密度	間 伐	伐期の長短	林 業 地	主な丸太の用途
密植	ほぼ無間伐	短	旧四ッ谷	足場丸太,旗竿等
	弱 度	短	西川,青梅,尾鷲,芦北	足場丸太,柱材,坑木等
	早期にしばしば	長	吉野	優良大径材,樽丸
中庸	弱 度	長	智頭	優良大径材,樽丸
	しばしば適度に	長	旧国有林	大径一般材
疎植	単木の成長に重点	長	飫肥	弁甲材(造船用材)
	ほぼ無間伐または弱度	短	天竜,日田,小国,木頭,ボカスギ	一般用材,電柱

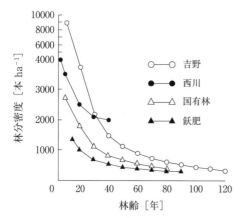

図 10.10 主要な林業地における林分密度管理
生産目標を実現するため，初期植栽密度はもちろん間伐時期，間伐回数等について特徴的な保育形式を示す．

も繰り返すので高密度植栽多間伐施業といわれ，年輪幅が芯まではぼ均等にそろい，枝の節が製材しても表面に現れないような無節の高級材を生産することで有名で，酒樽等にも利用されるような品質の優れた木材生産を目標としていた．それに対して，かつての飫肥林業（宮崎県）は，植栽本数が 1300 本 ha^{-1} 程度で初期成長が非常に速いので，年輪幅の広い材を生産し，かつては木造船に使われる弁甲材を供給していた．西川林業（埼玉県）は植栽本数を 4000 本 ha^{-1} と多めにして，初期成長をやや抑制しつつ，枝打ちを行うことによって，幹を円柱形に近い完満な形状に仕立てて年輪幅をそろえ，通直な柱材生産を目標とした．一方，国有林（事例調査は福島県内）では様々な用途に使える一般材の生産を目標として，植栽本数 3000 本 ha^{-1} で，間伐強度や間伐を実施する間隔ももっとも平均的な施業を実施していた．

坂口[5]は，木材の生産目標に応じて発展してきた吉野，飫肥，西川等の有名林業地を例にして，木材の生産目標に応じた典型的な人工林施業を「保育形式」とよんで整理し，林業経営における経営目標の明確化が重要であることを指摘した．植栽密度は生産目的や経済的な条件によって変わる．例えば，径級の小さい丸太を大量に生産したい場合は，植栽本数が多い方が有利である．過去の経緯を見ても，木材需要の動向によって植栽密度は変化してきた．また生育環境等の自然条件によっても植栽本数を変える必要がある．例えば，北米西海岸やニュージーランドのように，雑草木による成長阻害の心配が無く，植栽木の初期成長が良好な場合には，植栽密度が 1000 本 ha^{-1} 程度となっている．その他，植栽密度を決める要因としては，苗木の価格や下刈り等の保育経費も考慮される[2]．日本の民有林では，林業経営者の生産目的やその地域の林業事情等によって 1000 本 ha^{-1} 程度から 10000 本 ha^{-1} を超えるような植栽密度が採用されている．

10.3 環境保全的な人工林施業

　木材生産が主たる目的の人工林では効率性が追求され，直径や樹冠サイズがほぼ均一で，林冠も比較的均質な構造になるため，強風や冠雪等による気象災害では壊滅的な被害を受けやすいことが指摘されている（図10.11）．また大面積で一斉に造林されるので，病虫害等の生物被害に対しても脆弱さが指摘される他，森林に期待される水源涵養，林地保全，生物多様性等の多面的機能の低下も懸念される．一斉に造成される人工林に指摘されるこうした問題を解決する必要性もあって，人工林の長伐期化，複層林化，混交林化への対応が求められている[2,3]．しかしながら，複層林や混交林に移行するということは，樹種構成や林分構造が自然林に近づくということであり，これまでの画一的で単純な人工林とは異なる造林技術が必要になる．以下，主な施業法の概要と今後の課題について述べる．

10.3.1　長伐期施業

　長伐期とは短伐期に対比されるものだが，一部の解説書等では70年以上を長伐期とすることもあるが[1]，森林経営計画制度における長伐期施業は「標準伐期齢の2倍以上」としている．標準伐期齢は地域ごとに定められているが，スギやヒノキでは45～50年が多く，また主要造林樹種の寿命を考慮しても，長伐期の目安としては概ね90～100年生以上とするのが適当であろう．人工林を長伐期化するメリットは，林業経営的な観点としては，伐採収入に対する保育経費が相対的に低下すること，伐採・集運材における労働生産性の向上，優良大径材生産によ

図10.11　台風によって風倒被害が発生したスギ人工林

る増収への期待等である．生態的な機能に関しては，生育年数が長くなるので樹高が高くなり，間伐によって林分密度が低下するため，林内が明るくなって下層植生が豊かになり，副次的には土壌流亡の軽減等林地保全にも効果があり，水源涵養機能の向上も期待される[2,24,25]．

その一方で長伐期施業では，長期間に及ぶ社会的経済的な情勢変化が林業経営にどう作用するのか不確実である．木材価格や労賃等の諸経費のほか，木材の用途や利用状況等が変化する可能性があり，長伐期材に期待される大径材の需要見通しも定かではないので，長伐期化することが必ずしも経営に有利に作用するとは限らない[22]．例えば，直径 40 cm を超える大径材を処理できる製材機械が十分普及していないために，せっかくの大径材を処理仕切れないという問題も指摘されている[22]．

森林を育成するという技術的な観点でも長伐期林を考える必要がある．林木が大径化すると，樹体そのものは物理的な強度が増して気象災害を受けにくくなるはずだが，現実には台風等による高齢林の気象災害は少なくない．高齢林だからといって大径木が確実に得られるというわけではないことも，その理由の一つである．人工林を長伐期化するためには，過密林分とならないように早い段階から長伐期化を前提とした適切な密度管理を行って，直径成長を促すことが望ましい[26]．とくに，樹高成長あるいは土地生産力の指標である「地位」を見定めるとともに，風雪害の発生しやすい地形条件ではないかといった生育環境の判断が必要である．長伐期化することで優良大径材の生産を目標にするのであれば，長期的な施業目標とそれに見合った施業計画をあらかじめ想定しておくことが重要である．

10.3.2 複層林施業

人工林で懸念される生態的な健全性の問題解決を念頭に，1970 年代になって推奨された非皆伐施業の範疇に，択伐施業や漸伐施業等とともに複層林施業がある[1,2]．上層木を抜き伐り（間伐あるいは択伐）して，林冠が疎開された場所に下木を人工的に更新させて複数の階層構造を持たせるように仕立てるのが複層林施業である．複層構造を維持すれば，林地を裸地化させることによる欠点が回避され，健全性を維持しながら森林の更新を進められるとの考え方である．

複層林は，階層構造を維持する期間等の組み合わせから，短期二段林，長期二段林等とタイプ分けされることがある[2]．複層林施業では，更新させる下木の成

長を確保するために，林内光環境を適切に管理する必要がある[4]．しかし，間伐や択伐した後の林冠閉鎖速度が林齢や土地条件によって異なるため，下木の成長を維持するのに必要な林内の明るさを制御するのが実務上容易ではない．そのため，ごく一部の事例を除くと単木的な下木植栽によって複層構造を維持するような複層林施業は普及していない．むしろ，小面積皆伐や帯状皆伐の跡地に，苗木を植栽するという非皆伐構造を持った森林を，複層林施業に含めるよう解釈を拡大しているのが実態である（10.3.3参照）．

10.3.3 非皆伐施業および混交林施業

非皆伐施業とは，文字通り皆伐を避けた更新を行う施業法のことである．非皆伐の範疇には，択伐施業の他に，小面積皆伐をパッチ上に配置するような方法も含まれる．小面積の定義が曖昧ではあるが，一般には，伐採区域の一辺の長さが上木の樹高の2倍程度以下であれば非皆伐と見なす[1]．前項で述べたように，複層林施業のより現実的な方向性としてその考え方や定義が変化しており，非皆伐施業と複層林施業との違いは判然としなくなっている．

非皆伐施業の利点は，森林生態系としての働きを著しく損なわないこと，木材搬出に伴う林地破壊が抑えられること，下刈り経費の軽減と作業環境の向上が図られること，更新木の気象害が軽減できること，景観的にあるいは林地保全的に好ましくない裸地状態を回避できること，等があげられる[2, 24]．非皆伐で更新する際は，これまでの植栽樹種と異なる樹種を選択することで，針葉樹と広葉樹を混交させることも可能であり，針葉樹人工林を広葉樹林化するための施業技術が検討されている．しかし，多樹種が混交することで，伐出効率の低下，高度な伐出技術の必要性，森林管理の複雑化，作業計画や資源予測がしづらい等の問題がある．

人工一斉林を複層林化あるいは混交林化しようとする意図は，すでに述べたように，人工林に懸念される脆弱性を回避・軽減させると同時に，水源かん養，林地保全，生物多様性等の多面的機能を高めて，健全な森林に誘導していくことである．かつて中村[7]は「林木を健全に発育させるためには事情が許す限り混交林となし，林分の構造をできるだけ複雑にすることが望ましい」と指摘し，まさに昨今の造林技術の方向性を予見していた．そして「各種の危害を防止し，森林の効用を十分に発揮させると同時に，最大の生産をなすように努力することが育林の秘訣で，両者の調和をはかり，合自然的経済林として合理的林業を営むことを

理想とする」と述べている．今まさに取り組んでいる人工林の体質改善を実現するためには，多樹種が混交し，構造が複雑化する森林を誘導・管理するための造林技術を確立することが求められる． [千葉幸弘]

課　題

(1) 利用目的に応じた木材生産を効率的に行う上で，人工林であることのメリットは何か．森林および樹木個体の生物的な成長特性をふまえて論じなさい．
(2) 標準伐期齢に伐採収穫することを想定して管理してきた人工林で，長伐期施業に転換しようとする場合，留意すべき施業上の課題は何か．
(3) 長期に及ぶ森林の生育期間には自然災害は避けられないが，健全性を維持しながら，自然災害リスクにも耐え得る森林のあり方とその誘導法について考えなさい．

引用文献

[1] 林野庁監修，1998，林業技術ハンドブック．全国林業改良普及協会．
[2] 藤森隆郎，2005，新たな森林施業，全国林業改良普及協会．
[3] 藤森隆郎，2010，間伐と目標林型を考える，林業改良普及双書163，全国林業改良普及協会．
[4] 佐々木恵彦他，1994，造林学，川島書店．
[5] 坂口勝美，1980，間伐のすべて．日本林業調査会．
[6] 安藤　貴他，1968，林試研報，**209**, 1-76.
[7] 中村賢太郎，1949，造林学概論，朝倉書店．
[8] 千葉幸弘，2009，関東森林研究，**60**, 149-150.
[9] Shinozaki, K. et al., 1964a, b, *Jpn. J. Ecol.*, **14**, 97-105, 133-139.
[10] Chiba, Y., 1990, *Ecol. Res.*, **5**, 207-220.
[11] 千葉幸弘，2004，樹冠形，小池孝良編，樹木生理生態学，107-118，朝倉書店．
[12] Oohata, S., and Shinozaki, K., 1979, *Jpn. J. Ecol*, **29**, 323-335.
[13] Chiba, Y., 1991, *Ecol. Res.*, **6**, 21-28.
[14] Chiba, Y., 2006, Brebbia, C.A., and Zubir, S.S. ed., *Management of natural resources, sustainable development and ecological hazards*, 321-328, WIT Press.
[15] 千葉幸弘，2011，森林の物質生産，シリーズ現代の生態学「森林生態」，共立出版．
[16] 安藤　貴，1968，林試研報，**210**, 1-153.
[17] 千葉幸弘，2003，植物間相互作用，井上真他編，森林の百科，155-163，朝倉書店．
[18] Shinozaki, K., and Kira, T., 1956, *J. Inst. Polytech.* Osaka City Univ., D7, 35-72.
[19] Yoda, K. et al., 1963, *J. Biol.* Osaka City Univ., **14**, 107-129.

[20] 茂木靖和他，2006，岐阜県・ヒノキの成長解析とシステム収穫表の調整，長伐期林を解き明かす（林業改良普及双書153）全林協編.
[21] 田中和博，1995，林分表と樹高曲線から将来の林分表と樹高曲線を予測するシステム，木平勇吉編著，文部科学省科学研究費補助金試験研究（B）報告書，22-32.
[22] 遠藤日雄，2010，経営面から見た長伐期施業の可能性（長伐期林を解き明かす），林業改良普及双書153，全林協編.
[23] 尾中文彦，1950，京都大学農学部演習林報告 **18**, 1-53.
[24] 清野嘉之，1990，ヒノキ人工林における下層植物群落の動態と制御に関する研究，林試研報，**359**, 1-122.
[25] 大住克博，2002，高齢な針葉樹人工林の成長，桜井尚武編著，長伐期林の実際―その効果と取り扱い技術，11-19，林業科学技術振興所.
[26] 竹内郁雄，2002，長伐期林の現存量と保育技術，桜井尚武編著，長伐期林の実際―その効果と取り扱い技術，20-37，林業科学技術振興所.

第11章
熱帯荒廃地と環境造林

要 点

(1) 土地生産力の低下，荒廃地の生成は，主に人為によって起こる．
(2) 環境造林によって荒廃地の環境を改善し，土地生産力を回復することができる．
(3) 荒廃地では様々な環境ストレスが複合的に植物の生育を阻害する．
(4) 荒廃地の環境造林は，通常の造林よりも困難であるが，植物の持つ力を利用してその方法を開発することは可能である．

キーワード

熱帯，荒廃地，環境ストレス，環境造林，環境修復，環境改善

11.1 熱帯荒廃地

11.1.1 荒廃地とは

現在，世界各地で荒廃地の拡大が問題となっている（図11.1）．荒廃地とは，土地が本来有する生産力が損なわれている状態にある土地のことをいう．土地の生産力とはその土地が単位時間あたりに生産できる生物資源量のことであり，それはすなわち植物の光合成による一次生産量である．土地の生産力が損なわれる原因としては火事や洪水等の自然災害もあるが，現在問題となっている荒廃地のほとんどは人間活動，すなわち土地の生産力を利用して生物資源を得ようとする人間の行為によってもたらされたものである．

土地はなぜ荒廃するのか．過度の水利用に伴う地下水位の低下による土壌乾燥，不適切な灌漑に起因する地下水位の上昇による塩害，不十分な土壌管理による土壌の劣化等，土地の荒廃の原因は様々であり，複数の原因が重なって荒廃している場合も少なくない．生態系では，土壌-生物-大気とその相互をつなぐ水という系の中で，物質およびエネルギーが，生物間あるいは生物と環境との間でやり取りされ，そのやり取りが相互に影響し合いながら，全体として循環し，動的平衡が成立している（図11.2）．土地の生産力はそのような動的平衡の下に成り立っ

11.1 熱帯荒廃地

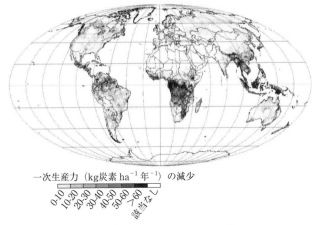

図 11.1　荒廃地の分布（Bai et al (2008)[1] を改変）

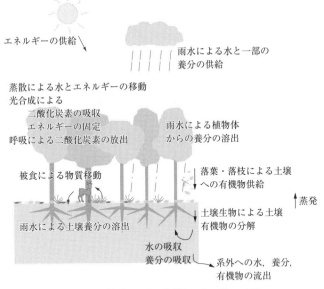

図 11.2　生態系における物質とエネルギーの流れ

ているものである．平衡の一部が外的作用を受けると，相互に連関している他の部分も影響を受け，結果として系全体の平衡が移動して新たな平衡が成立し，それに応じた土地の生産力が実現される．土地生産力がほとんどなくなる場合もあるが，平衡の移動は必ずしも生産力の低下をもたらすわけではなく，生態系には，

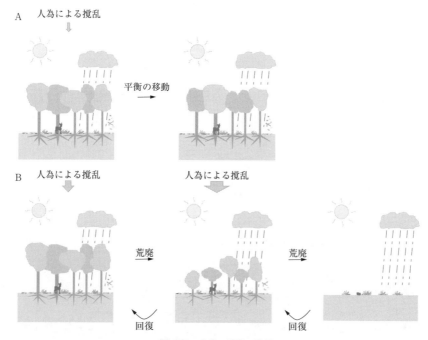

図11.3 土地の荒廃の過程
人為による撹乱の強度が小さければ系の平衡が移動するだけですむが（A），撹乱の強度が大きいと生産力の低下につながり，自然回復の時間を待たずに繰り返し撹乱を加えることによりやがては平衡が成立しなくなり裸地化する（B）．

ある程度の外的作用に対しては恒常性を維持することができるような許容力がある．土地が荒廃する具体的な原因は様々であるが，いずれも生態系の持つ許容力を超えて生産力を減少させるほどに動的平衡を崩すような働きかけを人間が行った結果である（図11.3）．

11.1.2 熱帯における荒廃地の拡大

熱帯地域における荒廃地の問題の特徴は森林伐採を伴う農地開発の結果として生じている場合が少なくないという点である．森林を伐採するということはそこに成立している物質とエネルギーの循環を断つということである．陸上生態系では光合成をはじめとする代謝により生産された有機物が様々な過程を経て土壌に供給され，土壌生物による分解過程を経る中で一部は生物に固定され，一部は気体として大気に戻り，一部は水とともに持ち去られ，残りは種々の化合物として土壌中に存在する．化合物の中には植物にとって吸収可能なものとして土壌の養

分供給能を高めているものもあれば，吸収できないものとして土壌環境を構成しているものもある．土壌は森林の成立基盤であるが（第5章参照），その土壌の発達を支えているのは森林であり，生物作用なしには肥沃な土壌は発達し得ない．熱帯地域では温帯や寒帯に比べて現存量の大きな森林が成立しているが，これを可能にしているのは高い生産力に見合った高い分解力があるからである．森林を伐採して農地を開発した場合，開発当初は森林の遺産としての肥沃な土壌の恩恵を受ける場合もあるが，かつてのような有機物供給は見込めない．そればかりか，植生による被覆がなくなり表土が露出している農地では表土流亡が起こりやすく，また有機物の分解速度が速いために早期に土壌中の有機物が失われやすい．したがって，適切な土壌管理をしない限り生産力は持続しないだろう．投資コストに見合った収益を上げることができずに放棄される場合も少なくない．

11.1.3 荒廃地拡大の問題点

　世界的に人口が増加し続け，経済が発展していく中で食料需要は高まる一方であるが，耕地面積の拡大はすでに限界に達しているため，食料を増産するには単位面積あたりの収量を上げるしかない．作物の収量は土地の生産力と作物の収量特性に大きく依存する．収量の多い作物品種の開発に対して世界的に大きな努力が払われているが，他方で荒廃地の拡大を放置していては食料生産は増加しない．荒廃地の拡大を阻止するために土地を適切に管理する一方で，すでに荒廃してしまった土地の生産力を回復する努力が欠かせない．土地の荒廃状態によっては生産力を回復させて再び耕作できる場合もあるが，荒廃が著しく，生産力の回復に莫大なコストがかかり，実際上回復が困難である場合も少なくない．そのような荒廃地に対して，森林が持つ環境改善効果を利用して生産力の回復を図る方策を次節以降，考えてみる．

11.2 環境造林

11.2.1 環境造林とは

　従来の造林は木材生産を目的としたものであり，目的産物である木材の量と質をいかに高めるかということを追究するための学問として造林学をはじめとする林学が発展してきた．これに対して，森林による環境改善効果を主目的とする造林を環境造林という．環境造林というよび名は比較的最近のものであるが，土砂

流亡の防止のための砂防造林も環境造林の範疇にあることを思えば，環境造林の歴史自体は新しいものではない．生物資源生産の観点から見た荒廃地の環境改善のための造林だけでなく，生物多様性の観点から問題とされる生物種数の減少に対して森林に依存する生物種の保全のために行う造林も環境造林に含まれる．

11.2.2 環境造林による環境の改善

著しく荒廃し，植生が疎らな裸地状態にある荒廃地に造林することによって期待できる環境改善効果について考えてみる（図11.4，図11.5）．まず，植生の土壌表面被覆による土壌侵食の緩和がある．植生による被覆がない状態では，雨滴による衝撃や降雨が土壌中に浸透せずに土壌表面に発生する表面流，あるいは風により，表土が流亡しやすい．植生からの有機物供給の影響を受けながら土壌は発達するため，表土は，下層の土壌と比べて物理的にも化学的にも大きく異なっており，物質循環の系において重要な位置を占めている．土壌表層のごく薄い部

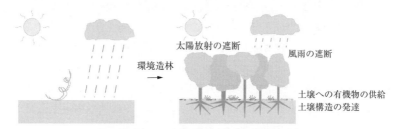

図11.4 環境造林による環境改善

図11.5 環境造林の例
タイ南部低湿地域の砂質未熟土壌荒廃地における環境造林試験．植栽した *Acacia mangium* の落葉落枝に土壌表面が覆われている．

11.2 環境造林

分であっても，風雨による侵食は土壌養分の損失や透水性等の物理的性質の悪化を引き起こす．森林が成立すると，林冠により降雨が遮断され，下層植生が発達し，また土壌表面に枯葉や枯枝等の植物遺骸（リター）が蓄積することにより，土壌表面に直接到達する雨滴が減って雨滴衝撃による侵食が減るとともに，表面流の発生が緩和される．植栽木と下層植生の根系が地下深くまで発達することにより，土壌構造が発達し，土壌の透水性が高まることも表面流の発生の緩和につながる．土壌表面が下層植生やリターに覆われることにより風による侵食も抑えられる．

土壌の物理化学的性質の改善も森林が成立することによって期待できる環境改善効果である．森林の成立によって，地上部のリター，根からの分泌物や枯死根等により土壌に有機物が供給されるようになり，前述の表土流亡緩和効果とも相まって，土壌中に有機物が蓄積するようになる．有機物の蓄積はそれをエネルギー源とする土壌動物や土壌微生物等の分解生物の活性を高め，物質循環の流れを安定にする．有機物の供給とその分解により蓄積する種々の化合物は粘土粒子やそこに吸着している塩基類等と相互作用しながら土壌のpHや酸化還元電位，栄養塩類の可給性等に影響を与える．土壌の化学性だけでなく，土壌の物理性も有機物供給によって大きな影響を受ける．土壌有機物の蓄積による直接的な効果だけでなく，土壌動物の活動，菌糸の発達等による間接的な効果により土壌の通水性や通気性が改善する．植栽木や下層植生の根系の発達も土壌の物理性の改善に大きく寄与する．

林冠による太陽放射の遮断がもたらす局所的なスケールでの環境の緩和も森林が成立することによって期待できる環境改善効果である．裸地では太陽放射が直接地面に到達するため，土壌温度が上昇しやすい．熱帯では日中，表面近くの土壌温度が50℃を越えることも少なくない．雨が少ない時期には土壌の含水率が低下するために土壌の比熱が小さくなり，さらに温度が上がりやすくなる．根が高温にさらされると水分吸収能や養分吸収能が低下し，植物の生育が阻害される．養分供給の場として重要な表層土壌の高温は植物の生育にとって重大な阻害要因となる．また，土壌温度が上がることにより土壌表面からの蒸発が増え，土壌が乾燥しやすくなるという二次的な影響もある．太陽放射によって温度が上がるのは土壌だけではなく，気温もまた上昇しやすくなる．細胞の分裂や伸長，光合成等の代謝が高温により阻害されることにより，植物の生育が阻害される．また，気温の上昇による相対湿度の低下が植物からの水分損失を促進し，土壌からの吸

水の不足と相まって植物体の水分欠乏をもたらす．森林が成立すると太陽放射が林冠によって遮断され，土壌温度や気温の上昇が抑えられ，二次的な乾燥化も緩和される．このような局所的スケールでの環境の緩和は植物の生育にとってよいというだけでなく，土壌微生物等にとっても有益となる．

11.3 熱帯荒廃地における環境ストレス

本節では熱帯荒廃地において植物の生育を阻害する環境因子について考える．植物の代謝活性を阻害する外的因子のことをストレスとよび，非生物的な因子である場合，これを総じて環境ストレスとよぶ．荒廃地では様々な環境ストレスが複合的に植物の生育を阻害している（図11.6）．

図11.6 熱帯荒廃地における環境ストレス

11.3.1 養分ストレス

養分は，少なすぎても多すぎても植物の生育を阻害する．荒廃地では，表土流亡や降雨による洗脱等によって窒素やカリウム，リン等の土壌中の濃度が概して低く，養分欠乏ストレスが生じている．一方で，地下水位の上昇によって毛管現象により塩類が表層土壌で濃縮されたり，土壌の酸性化や滞水による酸化還元電位の低下によって，マンガンや鉄，アルミニウム等が溶出して土壌水中の濃度が高くなり，植物の生育を阻害している場合もある．植物は養分欠乏ストレスに対して，根の分枝様式を変える，地上部と地下部の器官配分を変えるといった形態的反応や，養分に対してキレート能を持つ物質や養分を可給化する酵素を根から分泌するといった生理的反応によって養分吸収を増やすことにより，ある程度までは適応して成長を維持することができるが，限界を超えると成長できなくなり，ついには枯死に至る．表層土壌での塩類濃縮は，ナトリウム等が植物に過剰に摂取されることにより養分バランスが崩れ，生育が阻害されるだけでなく，土壌水

11.3 熱帯荒廃地における環境ストレス

図 11.7 湛水環境で生じる土壌の低酸素ストレス
(タイ南部荒廃泥炭湿地に植栽した *Melaleuca cajuputi*)

の浸透ポテンシャルが低下してしまうために吸水障害をもたらすことにもなる．土壌の酸性化に伴う過剰なアルミニウムの溶出は植物の根の伸長を阻害し，生育阻害をもたらす．

11.3.2 水分ストレス

水分ストレスには乾燥ストレスと過湿ストレスがある．前述のように裸地では土壌も空気も乾燥しやすいため，乾燥ストレスが生じやすいが，土壌の下層に不透水層があったり，土壌間隙が少なかったりするために透水性が低く，滞水して過湿ストレスが生じている場合もある（図 11.7）．降雨に季節変動があるようなところでは，少雨期に乾燥ストレスが生じ，多雨期に過湿ストレスが生じている場合もある．葉の気孔は光合成の材料となる CO_2 を取り込む主な取り入れ口であると同時に植物体の水分の主な蒸発（蒸散）場所である．蒸散により失われた水分は主に根からの吸水により補われるが，蒸散に見合った吸水ができないと植物は水分不足となり，細胞の分裂や伸長の阻害を通じて生育が阻害される．乾燥ストレス下では，水分不足を回避するために気孔が閉じて蒸散が抑えられるが，同時に CO_2 の吸収も抑えられてしまうため，光合成が低下し，成長の低下をもたらす．光合成が低下することによって過剰な光エネルギーが増加し，その結果生じる光阻害（11.3.4 節参照）も生育阻害の原因となる．過湿ストレス下では，土壌中への酸素の拡散速度が低下し，根や微生物の呼吸による酸素の消費と相まって土壌中の酸素濃度が低下し，根が酸素不足となる（図11.7）．また，酸化還元電位の低下により，2 価のマンガンや鉄等が溶出してくる．低酸素濃度環境では，好気呼吸の阻害による根の代謝の阻害に加えて，溶出したこれらのイオンの過剰吸収による障害もまた生育阻害の要因となる．

11.3.3 高温ストレス

高温ストレスには土壌高温ストレスと大気高温ストレスがある．高温が植物体全般にもたらす阻害作用としては，呼吸の増大がある（第 6 章参照）．呼吸が増え

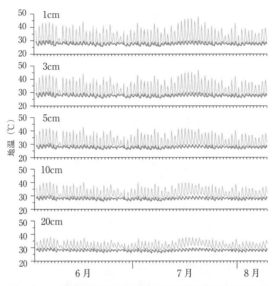

図 11.8 タイ南部低湿地域の砂質未熟土壌荒廃地における土壌温度環境（Norisada et al. (2005)[2] より改変）
細線は裸地，太線は植栽 45 ヵ月後の *Acacia mangium* 林内.

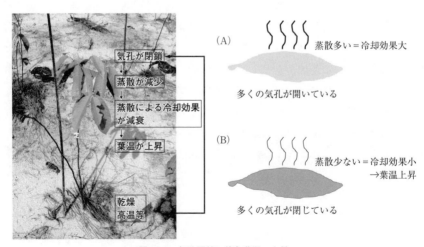

図 11.9 気孔閉鎖に伴う葉温の上昇

蒸散は，水が気化するときに必要な気化熱を周囲からエネルギーとして奪うため，葉温を下げる働きがある．気孔が開いていると蒸散が多いため，この冷却効果が大きいが（A），気孔が閉じると蒸散量が減るため，冷却効果が小さくなる（B）．

るために成長に使える光合成産物が減り，成長の低下の原因となる．これに加えて，器官特異的なストレスとして，土壌高温ストレスがある（図11.8）．根が高温にさらされると吸水能が低下し，養分吸収能も低下する．養水分の吸収能の低下は個体の成長低下をもたらす．葉に対する影響としては，高温による光合成の低下がある．高温によって，光合成能力が低下する，あるいは気孔が閉じることによりCO_2の取り込みが不十分となり，光合成速度が低下する．高温下での光合成能力の低下は，通常大気CO_2環境下における光合成の律速酵素であるリブロース 1,5-ビスリン酸カルボキシラーゼ/オキシゲナーゼ（Rubisco）の二酸化炭素への親和性の低下や活性化率の低下，光合成の電子伝達系の阻害により生じる．高温ストレスあるいは他の環境ストレスにより気孔が閉じると，光合成が低下するだけでなく，葉の冷却作用をもつ蒸散が減ることにより葉温のさらなる上昇を引き起こすという二次的な高温ストレスもある（図11.9）．

11.3.4 光ストレス

　植物は，光合成によって光エネルギーを化学エネルギーに変換して生育の糧としており，光がなくては生存できないが，過剰な光エネルギーは光合成機能に障害をもたらす．植物は，光合成の場である葉緑体の細胞内での位置，または，葉の向きを変えることで強光下での光の吸収量を減らしたり，あるいは吸収した光エネルギーのうち光合成に利用できないエネルギーを熱として放散させたりすることによって，過剰な光エネルギーによる障害をできるだけ回避しようとする仕組を持っている．過剰エネルギーは光合成機能を低下させたり，酸化ストレスによる細胞壊死を引き起こす等の障害を葉にもたらす．過剰な光エネルギーによって生じる光合成機能の障害を光阻害という．光が弱いと光の強度に応じて光合成速度が増加するが，ある程度光が強くなると光合成速度は増加しなくなり光飽和状態となる．光飽和状態では光阻害が起こりやすい．また，養分ストレスや水ストレス等のために葉の光合成能力が低い場合には光飽和状態での過剰エネルギーの量が増え，光阻害が起こりやすくなる．

11.4 環境造林の方法

　環境造林の対象となる荒廃地には前節で述べたように様々な環境ストレスがあり，通常の産業造林と比べてそこでの造林は非常に難しい．本節では環境造林を

進める上で留意すべきことについて考える.

11.4.1 造林樹種

通常の産業造林の場合，先に植えたい樹種があり，それに適した植栽地を探すことができるが，環境造林の場合は先に造林すべき荒廃地があるので，それに適した樹種を選ばなければならない．荒廃地には様々な環境ストレスがあ

図11.10 インドネシア南カリマンタン州の石炭採掘跡地に植栽された Acacia mangium

り，造林木の生育の阻害要因となるが，環境ストレスに対してどの程度の耐性があるかについては樹種によって異なる．環境造林は造林による環境改善を目的としているため，なるべく短期間のうちに植栽木の樹冠同士が接して林冠が閉鎖するように，比較的早く成長することも樹種選択の際に考慮すべき点である．植栽対象地で生じている環境ストレスを把握して，それに耐えられ，かつ成長が比較的速い樹種を選んで植えるのがよいが，熱帯樹木の環境ストレス耐性に関する知見の蓄積はまだ限られているため，これまでの造林実績から生育が見込める樹種を選んで植えているのが現状である．東南アジアの荒廃地ではマメ科の Acacia mangium 等が主要な造林樹種として植えられている（図11.10）．この種は乾燥や貧栄養，低 pH 等の土壌環境でも比較的よく育つことが知られている．

11.4.2 育苗方法

熱帯での環境造林に用いる苗木は，スギやヒノキのように地面に直に造成された苗床で育成するのではなく，ビニール袋に用土を詰めたポットで育成する．スギやヒノキの苗木は苗畑から掘り起こして根の周りに土のない裸根状態で造林地まで運搬して植栽することができるが，熱帯では裸根状態での運搬に苗木が耐えられず，根に土が付いた状態で運搬する必要があるため，ポット苗の生産が必要となるのである．このポットは，通常は直径 6 cm，高さ 15 cm ほどの円筒状の小さなもので，側面や底面に水抜き用の穴が空いている．植物の養分状態や光合成は環境に大きく左右されるため，育苗方法は苗木の性状を決める重要な因子である．苗木の性状は植栽後の生残・成長を決める大きな因子であり，育苗方法の

11.4 環境造林の方法

図 11.11 丈夫な苗

検討は造林を成功させる上で非常に重要となる．

環境造林に限らず，植栽というのは苗木にとっては環境が一瞬のうちに大きく変化することを意味する．苗木を生産する苗畑では，灌水をし，また場合によっては施肥もする等，苗木の生育にとって良好な環境を整えることにより，その生育を促す．苗木は，そのような良好な環境から植栽によって一気に過酷な環境にさらされることになる．植栽による根の傷害等により，植栽後しばらくは十分な養水分の吸収ができず，またその結果，気孔が閉じて光合成も低下する．一時的に養水分の供給が遮断され光合成が低下している間，生存を維持できるだけの十分な養分および光合成産物の貯蔵があるような丈夫な苗木を育成することが重要である（図11.11）．根系が発達していることも重要である．

丈夫な苗木を育成することの他に，植栽前の一定期間，灌水を停止する硬化処理が植栽後の苗木の生育に有効である．これは，環境ストレスに対する植物の適応反応を利用した処置である．植物は，様々な環境ストレスに対してそれを緩和するような生理的・形態的反応を示す．これを適応反応という．乾燥ストレス下では蒸散を抑え，吸水を増やすような適応反応を示す．乾燥環境では葉の量に対する根の量が多かったり，葉の気孔の密度が少なかったり，細胞内の溶質濃度が高かったりする．植栽前の一定期間，灌水を停止することによって，乾燥ストレスに対するこのような適応反応をあらかじめ誘導することができる．

この他に，植栽前の一定期間，苗木を庇陰のない全天光下にさらす光硬化処理も植栽後の生育に有効である．熱帯では太陽放射が強いため，通常，庇陰下で苗木を生産する．植栽する荒廃地は裸地であるために庇陰がなく，苗畑と光環境が大きく異なる．そこで，植栽前の一定期間，庇陰を解除してあらかじめ強光環境への適応反応を誘導しておくことにより，植栽による環境の激変をいくらかでも緩和することができ，植栽後の生残・成長が改善する．灌水停止や庇陰解除等の他にも，植栽する荒廃地で生じている環境ストレスを植栽前に苗木に負荷することにより苗木の適応反応をあらかじめ誘導しておくことは植栽後の苗木の生育にとって有効である（図11.12）．例えば，湛水が想定される場合には苗畑で苗木を湛水状態で育成することにより植栽後の生残が改善する場合がある．

樹木の根に共生する菌を利用して育苗する方法も試みられている．野外に生育

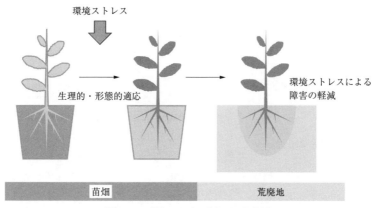

図 11.12 苗畑における前処理の概念図

する樹木の根には，根の細胞間隙に菌糸を伸ばし，また根の細胞とともに外生菌根という特殊な形状の共生構造を形成する外生菌根菌や，細胞内に菌糸を伸ばして特殊な構造を発達させるアーバスキュラー菌根菌が共生していることが多い．菌根菌は，宿主である樹木から光合成産物を享受する一方で土壌中に広く伸ばした菌糸から吸収した窒素やリンを宿主に供与することにより，相利共生関係を築いている．菌根菌は樹木が吸収できない形態の窒素やリンの化合物を吸収でき，また樹木の根に比べてはるかに細い菌糸を土壌粒子のわずかな隙間に広範囲に伸ばして養水分を吸収することができるため，宿主の養水分吸収をおおいに促進する．この養水分吸収促進機能を期待して，苗畑で苗木の根に菌根菌を接種して感染させることにより，植栽後の苗木の生育を促進しようという試みが行われている．これまでのところ，感染による成長の促進が苗畑では確認されているが，植栽後の生育促進に関しては，感染によって植栽後の生残率が高まるという事例もあるが，感染によって苗木の大きさが大きくなっていることによる効果であるのか，あるいは直接的な養水分吸収促進による効果であるのかが分離できていない．とはいえ，丈夫な苗を仕立てるという点において菌根菌の感染を促すのは有効であろう (7.1 参照)．

11.4.3 植栽方法

育苗の工夫が苗木の性状を植栽地の環境に耐え得るものに導くためのものであるのに対して，植栽の工夫は植栽地の環境をいくらかでも苗木にとって生育しや

すいものにするためのものである．植栽後，苗木の根が根鉢からその周囲の土壌に伸びて十分な養水分を吸収できるようになるためには，根鉢とその周囲の土壌とがしっかりと接触していることが重要である．植栽前に耕耘をすると土壌がほぐれて根鉢を土壌にしっかりと接触させて植えることができ，また，土壌が柔らかくなるので根も伸びやすくなる．草本類が生えている場合には耕耘による除草効果も期待できる．植栽後に苗木の根元の周りの土壌表面を草等で覆うマルチングも表土の安定化や土壌温度の上昇の緩和等が期待でき，苗木の生残に効果的な場合がある．

11.4.4　先行造林法

　環境造林の目的は森林の造成による環境改善であるが，その効果を維持する上では，造成した森林が森林の形で利用する価値のあるものであることが重要である．森林の利用価値は森林造成の動機付けであるとともに，森林維持の動機付けともなる．しかしながら，環境造林が対象とする荒廃地は環境が過酷なため，植栽できる樹種は限られており，有用な樹種を植えたくとも植えられないのが現実である．これを解決する方法として，環境ストレス耐性の高い樹種をまず植えて成林させ，その後に目的樹種を植えるという，先行造林法がある（図 11.13）．先に植える樹種が成林して温度環境や土壌環境が改善されることにより，植栽可能な樹種の選択肢が拡がるというわけである．

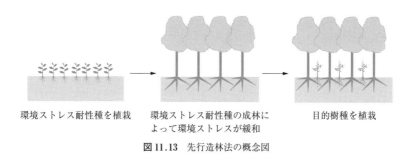

環境ストレス耐性種を植栽　　環境ストレス耐性種の成林に　　目的樹種を植栽
　　　　　　　　　　　　　　よって環境ストレスが緩和

図 11.13　先行造林法の概念図

11.5　環境造林の今後の課題

　熱帯荒廃地における環境造林は，個別の事例を積み重ねていく中で，植栽可能

な樹種や植栽方法についてある程度の知見の蓄積が進められてきた．今後は，これらに関するさらなる知見の蓄積に加えて，利用価値という観点からの樹種の拡大や，成長の促進，資源価値の強化のための育種，植栽後の育林方法に関する研究の推進が必要である．育林方法に関しては，先行造林を行った場合の樹種転換の方法の確立が望まれる．熱帯樹木の環境ストレス耐性の評価とその機構の解明に関する研究も，経験的知識の集積だけに頼らない応用可能性の高い環境造林技術の確立のためには重要である．環境造林の目的である，森林造成による環境改善については，森林が有する機能として期待されているものの，実際の現場において改善効果を定量的に把握した事例は限られている．現場における環境改善効果の定量的評価を推し進めていく必要がある．水循環に対する影響に関しては植栽対象地に留まらず周辺地域にも影響を及ぼし得る．さらに，水の流れに乗って物質循環もまた周辺地域を巻き込んだ形で影響を与える可能性がある．生物相に与える影響も周辺地域あるいは遠隔地域までも含んだ評価が必要である．生物多様性の重要性に対する認識が高まる昨今，環境造林にもその観点が求められる．過酷な環境では植栽可能な樹種は限定されてしまうため，一過的に限られた樹種が優占してしまうのはやむを得ないが，将来的にはある程度の空間的規模の範囲で多様性を持つ方向に進むような，土地管理計画の視点が必要である．

[則定真利子・小島克己]

課 題

(1) なぜ環境造林が必要か．
(2) 荒廃地の環境ストレスにはどのようなものがあるか．
(3) 環境造林を行ううえで，どのような点に気を付けるべきか．
(4) 環境造林を成功させるうえで，今後研究すべき課題はなにか．

引 用 文 献

[1] Bai, Z.G. et al., 2008, Global assessment of land degradation and improvement. 1. Identification by remote sensing. p.16, Report 2008/01, ISRIC-World Soil Information.
[2] Norisada, M. et al., 2005, *For. Sci.*, **51**, 498-510.

参 考 文 献

1. 専門書
造林学
原田　泰，1954，森林と環境，北海道造林振興協会．
　北海道の旧・御料林の管理の原理を担う名著．図書館で閲覧下さい．
佐藤大七郎，1954，育林，朝倉書店．
　物質生産の生態学に基礎を置く名著．図書館で閲覧下さい．
佐藤大七郎，1983，育林，文永堂．
　造林学の基礎，育林の正統な教科書．
以上は環境と樹木の成長に基礎を置く造林・森林環境修復の基礎を担う名著．
藤森隆郎，2003，新たな森林管理，全国林業改良普及協会．
　最近の造林学・森林施業の指針を与えるテキスト．読みやすい．公務員試験対策本．
藤森隆郎，2012，森づくりの心得，林業改良普及協会．
　2003年の著書と同著者による『森林生態学』を分かりやすく書き直した書．公務員試験対策本．
宮島　寛，1992，樹を育て，木を使うために木材を知る本，北方林業会．
　森林立地を考慮した木質資源の特性と利用に関する基礎解説書．
福島和彦他，木質の形成第2版—バイオマス科学への招待—，海青社．
　木材の利用をにらんだ概説書，公務員試験の対策本．
佐々木恵彦他，1994，造林学，川島書店．
　旧・国立林試の専門家による重厚なテキスト．根強い定本．ただ個別事例に偏る．
川名　明他，1992，造林学—三訂版—，朝倉書店．
　全国の旧造林学の教員が執筆したマニュアル的テキスト．
菊沢喜八郎，1983，北海道の広葉樹林，北海道造林振興協会．
　北海道の二次林育成の手引き．古典的理論を分かりやすく解説．造林学実習の基礎本．
Barnes, B.V. et al., 1998, *Forest Ecology* [4th ed.], John Wiley & Sons.
　造林学・森林生態学・景観生態学の基礎として，最高のテキスト．
Smith, D.M. et al., 1996, *The Practices of Silviculture* [9th ed.], John Wiley & Sons.
　米国東海岸・北央部の造林学の定本．David Smith門下による実践的教科書．
Smith, D.M., 1986, *The Practices of Silviculture* [8th ed.], John Wiley & Sons.
　米国東海岸の造林学の定本．歯ごたえあり．9版とは異なり観察中心・哲学的内容．

Chapin III, F.S. et al., 2011, *Principals of Terrestrial Ecosystem Ecology*, Springer-Verlag.
　生態系生態学の定本．これ以上の記述を現時点では求め得ない．
堤　利夫，1994，造林学，文永堂．
　特長ある造林の研究成果の集大成．豪雪地帯・熱帯等極限環境での造林の解説．
井出雄二・白石　進編著，2012，森林遺伝育種学，文永堂．
　遺伝情報に基づいた天然林と人工林の経営管理に関する教科書．

植物生理生態学

畑野健一・佐々木恵彦，1987，樹木の生長と環境，養賢堂．
　樹木生理生態学の古典．
寺島一郎，2012，植物の生態，裳華房．
　演習問題の優れた生理生態学の最高の教科書．
Larcher, W., 2003, (佐伯敏郎・舘野正樹監訳, 2004), 植物生態生理学（第2版），シュプリンガー・ジャパン．
　Physiological Plant Ecology, 原著第6版の日本語版．植物生態生理学の世界的定番教科書．
永田　洋・佐々木恵彦編著，2002，樹木環境生理学，文永堂．
　樹木の成長周期を基礎に，垂直分布・熱帯植物の概説，水環境とその応答が詳解されている．
小池孝良編著，2004，樹木生理生態学，朝倉書店．
　変動環境での森林の再生を目標とし，森林樹木の生活史を加味した解説書．
樹木医学会編，2014，樹木医学の基礎講座，海青社．
　樹木生理生態学の応用が分かりやすく，コンパクトに解説されている．造園職受験に必須．
Bazzaz, F.A., 1996, *Plants in Changing Environments*, Cambridge Univ. Press.
　変動環境下での植物集団の遷移の制御に関する生理生態学に名著．
村岡裕由・可知直毅編著，2001，光と水と植物のかたち―植物生理生態学入門―，文一総合出版．
　「かたち」に注目した機能の解説・測定法の紹介．平易に書かれている．
Jensen, P.B., 1932, (門司正三・野本宣生訳, 1982), 植物の物質生産，東海大学出版会．
　物質生産生態学の基礎論文（原典はドイツ語）の日本語訳．同名著も必読．
彦坂幸毅，2016，植物の光合成・物質生産の測定とモデリング，共立出版．
　光合成研究法の解説書として，最適．
酒井　昭，1995，植物の分布と環境適応，朝倉書店．
　低温科学の視点から植物生理生態学を論じた独特な科学．遺伝育種の理解にも役立つ．

Lambers, H. et al., 2008, *Physiological Plant Ecology*, Springer-Verlag.
  最新の植物生理生態学の基礎を詳しく解説．ゼミの必読書．2版は生理生化学に重点．
伊豆田猛編著，2006，植物と環境ストレス，コロナ社．
  大気環境と植物の応答を解説（酸性雨・オゾン・温暖化等）．
甲山隆司編著，2004，植物生態学，朝倉書店．
  最新の植物生態学の概論．記述は難しい．ただし第1章（寺島一郎著）だけ読んでも役立つ．
吉良竜夫，1976，陸上生態系―概論―，共立出版．
  植物生態学の基礎になる考え方を学ぶ古典．植物地理学的視点が強い．
占部城太郎・武田博清編，2006，地球環境と生態系―陸域生態系の科学，共立出版．
  国際地球圏―生物圏事業計画プロジェクトを基礎にした成果集．
二井一禎・肘井直樹編著，2000，森林微生物生態学，朝倉書店．
  微生物と昆虫関係の相互作用の最新の成果集．意気込みが感じ取れる．
Baker, F.S., 1979, *Principles of Silviculture*, McGraw-Hill.
  米国西海岸・東南部の造林学の定本．生理生態学を基礎にした実学．
Kimmins, J.P., 2003, *Forest Ecology* [3rd ed.], Prentice Hall College Div.
  北アメリカの森林生態学の定本．著者は森林生態・物質循環の研究者．

保全生態学・森林生態学

藤森隆郎，2006，森林生態学持続可能な管理の基礎，全国林業改良普及協会．
  2003年の著作をより生態学的な視点からまとめた現場向き教科書．
日本生態学会編（正木隆・相場慎一郎編著），2011，森林生態学，共立出版．
  森林生態学を担う中堅研究者の執筆．難解な記述も含まれるが，修論・卒論作成の参考資料．
宮下直他，2012，生物多様性と生態学，朝倉書店．
  生態遺伝学を基礎にした保全管理の原理の理解に役立つ（やや難解）．
Hubbell, S.P., 2001，（平尾聡秀他訳，2009），群集生態学，文一総合出版．
  The Unified Neutral Theory of Biodiversity and Biogeography の日本語訳．生物多様性を説明する概念：中立説の必読本．保全管理への糸口が示されている．
鷲谷いづみ・矢原徹一，1996，保全生態学入門，文一総合出版．
  繁殖生物学を基礎に生物多様性の研究指針．歯ごたえのある著書．
鷲谷いづみ編著，2016，生態学，培風館．
  政策にも言及している保全生態学の研究者による解説書．
東京大学アジア生物資源環境研究センター，2013，アジアの生物資源環境学，東京大学出版会．

東南アジアの生物資源の持続的利用の研究成果．熱帯林の保全の指針が得られる．
正木隆他編，2012，森林の生態学，文一総合出版．
　長期モニタリング研究の重要性を紹介．中堅研究者の論壇で迫力がある．ベストセラー．
正木隆編著，2008，森の芽生えの生態学，文一総合出版．
　更新初期に焦点をあてた中堅・若手の論壇．修論・卒論作成の参考資料．
岩坪五郎編著，1996，森林生態学，文永堂．
　物質循環を基本にした定本．堤利夫編著による同名のテキスト（1989，朝倉書店）も参考に．

植生学・土壌学
福嶋　司・岩瀬徹編著，2005，図説日本の植生，朝倉書店．
　各地の植生の解説が，典型的な写真とともに記されている．特に，説明が分かりやすい．
福嶋　司編著，植生管理学，2005，朝倉書店．
　植物群落をどのように保護・管理していくのか，自然保護の立場から実例に基づき平易に解説．
岡崎正規他，2010，図説日本の土壌，朝倉書店．
　典型的な土壌のカラー写真を眺めているうちに，土壌学の基礎を習得できる．
松中照夫，2004，土壌学の基礎，農文協．
　土壌学の基礎知識が実に平易に書かれた名著．困ったときに辞書代わりに読むことをお勧めする．
谷　誠，2016，水と土と森の科学，京都大学出版会．
　造林学とも関連の深い森林水文学の定本．記述には高度な内容が含まれる．
森林立地学会編，2012，森のバランス，東海大学出版会．
　物質循環を中心に中堅研究者による最新成果の解説書．多方面にも役立つ．

2. 一般書

中村太士・小池孝良，2005，森林の科学，朝倉書店．
　北大森林科学，植物生態学を中心にした網羅的解説書．各種レポート作製の基礎．
小林紀之，2015，森林環境マネジメント，海青社．
　森林造成の法的側面を解説．
Thomas, P.A., 2000，（熊崎　実・浅川澄彦他訳，2001），樹木学，築地書館．
　Trees: Their Natural History の日本語訳．樹木の成長を解剖学・生態学の視点も交え，とても分かりやすく解説．

参 考 文 献

清和研二，2015，多種共存の森，築地書館．
　北海道立総合研究機構・林業試験場と東北大学川渡試験地での森林経営を基礎に執筆．
清和研二，2016，樹は語る―芽生え・熊棚・空飛ぶ果実，多種共存の森，築地書館．
　樹種特性が分かりやすく，おもしろく紹介されている．
深沢和三，2003，樹体の解剖，海青社．
　樹木の成長を構造と解剖学から平易に解説．宮島寛『樹を育て，木を使うために木材を知る本』との併読を勧める．
中静　透，2004，森のスケッチ，東海大学出版会．
　森林の人口統計学的見方．著者の体験を基礎に記述．名著．
井上民二，1998，生命の宝庫熱帯雨林，NHK 出版．
　熱帯における種分化・進化の研究最前線．生態系修復の基礎．著者の遺稿．
鷲谷いづみ，2001，生態系を蘇らせる，NHK 出版．
　保全生態学の重要性が筆者の体験をもとに分かりやすく紹介されている．
鈴木和夫他，2012，森林の百科，朝倉書店．
　公務員試験・総合職・筆記試験対策本．
川那部浩哉監修，1992，地球共生系シリーズ6冊，平凡社．
　若手研究者の活動を中心に平易な解説．どの分冊も魅力的な記述に富む．
菊沢喜八郎，1996，北の国の雑木林，蒼樹書房．
　進化生物学の視点で記述された樹木学の読み物．京大・理学博士請求論文を骨子に．
梶原幹弘，2008，究極の森林，京都大学学術出版会．
　樹形解析を基礎にした研究の集大成．林業実務の現場での学問的基礎が示されている．

索　引

欧　字

AOT40　104
CH$_4$消費量　100
C/N 比　57
FACE　95
VOC　103

あ　行

青色光　40, 67
亜酸化窒素　69
暗色雪腐れ病　65
暗赤色土群　53

硫黄酸化物　102
育種効果　128
育種種苗　124
育種目標　126
育成天然林施業　44
育成品種　132
育苗　166
萎凋枯死　65
一般ロジスティック曲線　86
遺伝獲得量　129
遺伝資源　134
遺伝的改良　125
遺伝的変異　125
遺伝率　128
イングロースコア法　21

エアレンチマ　68, 100
永久凍土　60
腋芽　16
枝打ち　147
枝打ち管理図　148
枝下高　143
越境大気汚染　71
遠赤外光　40
エンボリズム　66
塩類集積作用　51

温室効果ガス　94, 108

温量示（指）数　61

か　行

外生菌根　19
外生菌根菌　71
皆伐施業　117
開放系大気 CO$_2$ 増加　95
化学性　48
拡大係数　30
拡大造林　4
芽原基　9
過湿ストレス　163
カシノナガキクイムシ　79
下層間伐　144
下層植生　81
褐色森林土群　53
カラマツ先枯病　77
環境ストレス　6, 162
環境造林　159
環境保全機能　2
感受性　77
乾燥ストレス　163
間伐　85, 139

気孔コンダクタンス　44
気孔通道性　44
既定芽　18
ギャップ　38
吸光（消光）係数　34
休眠芽　16
境界層　70
胸高断面積合計　89
（生態系の）許容力　158
菌根　19, 74
菌根菌　19, 74

クマ剥ぎ　83
グライ化作用　51
グライ土壌群　53
クローン林業　126

形状比　70

形成層　9
形成層派生物　64
ケッペン　60
嫌気性条件　100
現象　18
現存量　23

高温ストレス　163
光化学系　63
硬化処理　167
孔隙組成　56
光合成　23
光合成有効放射　39, 43
光合成有効放射束密度　67
光合成誘導反応　44, 71, 105
交雑育種　129
更新　115
更新補助作業　123
荒廃地　6, 156
光補償点　96
光量子収率　35
光量子束密度　39
呼吸量　20
黒色土群　53
個体数調整　82
コツブタケ　75
固定成長型　16, 45
木漏れ日　43
根冠　9
混交林施業　153
コンダクタンス　44
根端　19
昆虫病原菌　76
コンテナ苗　69, 84, 120
根粒　19

さ　行

材　10
細菌　19
材質育種　134
最終収量一定の法則　87
採種園　126

再生産過程　23
再生複合体説　37
栽培品種　132
採穂園　126
在来品種　132
挿木造林　120
雑種強勢　129
サナギタケ　76
寒さの示（指）数　61
山塊現象　61
散光　40
三相組成　55
残存冬芽　62
残伐　122
傘伐　122
サンフレック　40

紫外線　68
枝条　16
枝性　131
自然間引きの3/2乗則　89
持続可能な開発　1
次代検定　128
下刈り　84, 138
師部　10
樹位性　131
主因　76
集光系　106
自由（連続）成長型　16, 45
従属栄養生物　102
集団選抜育種　127
収量比数　91
樹冠　140
樹幹　143
樹幹解析　15
種間競争　84
種間雑種　129
樹冠長　111, 140
樹冠長比　70
樹冠長率　42
宿主　76
樹形　141
樹型級　144
樹高成長　143
種子産地試験　125
種子発芽　42
樹体内転流　102
シュート　9, 16
種内競争　85
樹皮　10

樹病　76
種苗配布区域　133
樹木流行病　78
純一次生産量　20, 23
純生産量　26
消光（吸光）係数　34
梢殺　103
硝酸態窒素　102
上層間伐　144
将来木　111
植栽本数　118
植栽密度　118
植物成長のロジスティック理論　85
除伐　85, 138
シルエット面積法　35
人工更新　116, 137
針広混交林　62
人工造林　116, 137
心材化　29
薪炭材　5
森林原則声明　2
森林生態系機能　5
森林帯　25
森林による環境改善効果　159

髄　10
水分ストレス　163
スギ赤枯病・溝腐病　77
スプレンゲル・リービッヒの最小律　95

精英樹　128
生活型　60
（負の）制御　95
生産構造図　12, 33
（葉の）生産効率　24
生態系管理　3
生態系機能　82
生態系サービス　3, 108
生態系保全　135
生態的地位　110
生物性　48
生物多様性　81
赤・黄色土群　53
赤色光　40
前形成　45
先行造林法　169
全層間伐　144
潜伏芽　16

相互被陰　98
総生産量（総一次生産量）　20
相対幹距　90
相対成長関係　30
相対成長法　30
層別刈り取り法　33
層別抽出法　90
造林技術　4
造林試験　117
側芽　16
疎植　118
側根　19
側根原基　19

た 行

耐陰性　97
耐凍性　63
大発生　81
対流圏　68
択伐　122
立枯病　77
多様な機能　1
単純ロジスティック曲線　87
断続成長型　16
炭素固定系　106
地位　28
地域品種　132
地域変異　66
地位指数　28
遅延緑化　107
地下部現存量　25
地拵え　118
地上部現存量密度　27
窒素酸化物　102
窒素沈着　69
窒素の無機化　58
窒素飽和　69, 101
頂芽　16
頂芽優勢性　16
頂端分裂組織　9
長伐期施業　151
超複合体　63
直達光　40
貯蔵デンプン　64
貯蔵養分　36
通気組織　68, 100
ツキノワグマ　82
つる切り　138

索引

定芽　16
抵抗性育種　133
定性的間伐　146
泥炭集積作用　51
泥炭土群　53
定量的間伐　146
適地適木　138
適地判定技術　4
電子伝達系　106
天敵　81
天然下種更新　121
天然更新　116
天然更新阻害要因　77

冬芽　16
冬季乾燥害　63
透水指数　28
動的平衡　156
導入育種　130
倒木更新　78
（土壌）pH　57
土壌型　28
土壌構造　28,56
土壌呼吸速度　99
土壌水分環境　50
土壌生成因子　49
土壌生成作用　49
土壌断面の形態的特徴　51
土壌の水分状態　55
土壌物理性　29
土性　56
土地の生産力　156
突然変異育種　130
土用芽　19

な 行

苗木　119
生枝下高直径　31
ナラ枯れ　79
ナラ菌　79
難溶性リン　69

二次代謝産物　98
ニホンジカ　82

根株萌芽　16
根萌芽　16
粘土化作用　50
粘土の移動集積作用　51

農地開発　158

は 行

媒介昆虫　80
倍数性育種　130
パイプモデル　12,141
パイプモデル理論　14
剥皮　82
葉クラスター　36
播種造林　120
波長組成　39
バックキャスト　104
半乾燥地　5
繁殖源　81
晩霜害　62

被陰格子　38
非皆伐施業　122,153
光形態形成　67
光硬化処理　167
光ストレス　165
光阻害　163
非消費型資源　60
被食防衛能　98
氷河期　61
病原性　76
病原体　76
標準地法　90
標準伐期齢　151
病徴　77
表土流亡　159
比葉面積　106

フォックステイル成長　18
伏条更新　65
複層林施業　152
節　15
腐食連鎖系　75
腐生菌　75
物質生産　2,23
物理性　48
不定芽　16
不動化　102
ブナ科樹木萎凋病　79
ブラス木　125
プロットサンプリング　90
プロットレスサンプリング　90
プロファイルモデル　14

平均木法　30

ヘビサガリ　63

保育　138
保育形式　150
萌芽更新　16,124
豊凶　83
飽差　66
放射強制力　110
放線菌　19
母樹齢効果　131
ポドゾル化作用　50
ポドゾル群　52

ま 行

マツ材線虫病　78
マツノザイセンチュウ　78
マツノマダラカミキリ　78
マレッセント　68

未熟土　54
実生林業　126
未成熟火山灰土壌区　95
密植　118
密度効果　74,144
　　──の逆数式　85
未定芽　17
ミニライゾトロン法　21

無機化　27
無作為法　90

メタン生成菌　100,110

木材腐朽菌　76
木質バイオマス　2
モンスーン　61

や 行

誘因　77
有機化　102
有機物供給　159
雪腐病　77
陽イオン交換容量　57
葉原基　9,17
葉現存量　24,26
容積密度　111
溶存有機炭素量　102
養分ストレス　162
葉面積指数　34

葉面積重　106
葉面積密度　37
抑制芽　16

ら　行

ラウンケア　60
ラテライト化作用　51

緑化資材　71
緑色光　67

林冠　143
林冠閉鎖　140
林業種苗法　65, 126
林業的防除　81
林内孔状地　38
林分施業法　37
林分密度　140
林分密度管理図　145
林木育種　124
林野土壌分類　52

冷温障害　62
冷気湖　62
連続枝なし成長　18
連続（自由）成長型　16, 45
連続土壌コア法　21

わ　行

わき芽　16

編者略歴

丹下　健（たんげ　たけし）

1958 年　千葉県に生まれる
1984 年　東京大学大学院農学系研究科修士課程修了
現　在　東京大学大学院農学生命科学研究科教授
　　　　博士（農学）（1993 年取得）

小池孝良（こいけ　たかよし）

1953 年　兵庫県に生まれる
1981 年　名古屋大学大学院農学研究科博士後期課程
　　　　中途退学
現　在　北海道大学大学院農学研究院教授
　　　　農学博士（1987 年取得）

造林学　第四版

2016 年 8 月 25 日　初版第 1 刷
2018 年 2 月 10 日　　　第 2 刷

定価はカバーに表示

編　者　丹　下　　　　健
　　　　小　池　孝　良
発行者　朝　倉　誠　造
発行所　株式会社　朝　倉　書　店
　　　　東京都新宿区新小川町 6-29
　　　　郵便番号　162-8707
　　　　電　話　03(3260)0141
　　　　FAX　03(3260)0180
　　　　http://www.asakura.co.jp

〈検印省略〉

© 2016〈無断複写・転載を禁ず〉

新日本印刷・渡辺製本

ISBN 978-4-254-47051-2　C 3061　　Printed in Japan

JCOPY 〈(社)出版者著作権管理機構　委託出版物〉

本書の無断複写は著作権法上での例外を除き禁じられています．複写される場合は，そのつど事前に，(社) 出版者著作権管理機構（電話 03-3513-6969, FAX 03-3513-6979, e-mail: info@jcopy.or.jp）の許諾を得てください．

全国大学演習林協議会編

森林フィールドサイエンス

47041-3 C3061　　B5判 176頁　本体3800円

大学演習林で行われるフィールドサイエンスの実習，演習のための体系的な教科書。〔内容〕フィールド調査を始める前の情報収集／フィールド調査における調査方法の選択／フィールドサイエンスのためのデータ解析／森林生態圏管理／他

北大 中村太士・北大 小池孝良編著

森 林 の 科 学

47038-3 C3061　　B5判 240頁　本体4300円

森林のもつ様々な機能を2ないし4ページの見開き形式でわかりやすくまとめた。〔内容〕森林生態系とは／生産機能／分布形態・構造／動態／食物（栄養）網／環境と環境指標／役割（バイオマス利用）／管理と利用／流域と景観

前森林総研 鈴木和夫・東大 福田健二編著

図説 日 本 の 樹 木

17149-5 C3045　　B5判 208頁　本体4800円

カラー写真を豊富に用い，日本に自生する樹木を平易に解説。〔内容〕概論（日本の林相・植物の分類）／各論（10科—マツ科・ブナ科ほか，55属—ヒノキ属・サクラ属ほか，100種—イチョウ・マンサク・モウソウチクほか，きのこ類）

阪大 福井希一・阪教大 向井康比己・岡山大 佐藤和広著

植 物 の 遺 伝 と 育 種（第2版）

42038-8 C3061　　A5判 256頁　本体4300円

遺伝・育種学の基礎的事項を網羅し，やさしく丁寧に解説。公務員試験の出題範囲もカバーした最新最良の教科書。〔内容〕遺伝のしくみ／遺伝子・染色体・ゲノム／さまざまな育種法／細胞・組織工学／遺伝子工学／情報科学とデータ解析／他

東大 根本正之・京大 冨永 達編著

身 近 な 雑 草 の 生 物 学

42041-8 C3061　　A5判 160頁　本体2600円

農耕地雑草・在来雑草・外来植物を題材に，植物学・生理学・生物多様性を解説した入門テキスト。〔内容〕雑草の定義・人の暮らしと雑草／雑草の環境生理学／雑草の生活史／雑草の群落動態／攪乱条件下での反応／話題雑草のコラム

日本土壌肥料学会「土のひみつ」編集グループ編

土 の ひ み つ
―食料・環境・生命―

40023-6 C3061　　A5判 228頁　本体2800円

国際土壌年を記念し，ひろく一般の人々に土壌に対する認識を深めてもらうため，土壌についてわかりやすく解説した入門書。基礎知識から最新のトピックまで，話題ごとに2～4頁で完結する短い項目制で読みやすく確かな知識が得られる。

森林総合研究所編

森 林 大 百 科 事 典

47046-8 C3561　　B5判 644頁　本体25000円

世界有数の森林国であるわが国は，古くから森の恵みを受けてきた。本書は森林がもつ数多くの重要な機能を解明するとともに，その機能をより高める手法，林業経営の方策，木材の有効利用性など，森林に関するすべてを網羅した事典である。〔内容〕森林の成り立ち／水と土の保全／森林と気象／森林における微生物の働き／野生動物の保全と共存／樹木のバイオテクノロジー／きのことその有効利用／森林の造成／林業経営と木材需給／木材の性質／森林バイオマスの利用／他

日本微生物生態学会編

環 境 と 微 生 物 の 事 典

17158-7 C3545　　A5判 448頁　本体9500円

生命の進化の歴史の中で最も古い生命体であり，人間活動にとって欠かせない存在でありながら，微小ゆえに一般の人々からは気にかけられることの少ない存在「微生物」について，近年の分析技術の急激な進歩をふまえ，最新の科学的知見を集めて「環境」をテーマに解説した事典。水圏，土壌，極限環境，動植物，食品，医療など8つの大テーマにそって，1項目2～4頁程度の読みやすい長さで微生物のユニークな生き様と，環境とのダイナミックなかかわりを語る。

上記価格（税別）は2018年1月現在